本书是《建筑工人技能培训教程》中的一本。全书共分7章，包括：测量放线概述；测量仪器及设备；测量误差基本知识；测量放线基本方法；施工放样、建筑施工测量及总平面图绘制；建筑物观测及基坑工程测量；进场安全教育及安全注意事项。本书内容深入浅出，图文并茂，特别适合作为工人技能培训教材，也是工人自学提高的最佳读物。

　　责任编辑：周世明　范业庶　张　磊
　　责任设计：李志立
　　责任校对：王宇枢　张　颖

本书编委会

主　　编：赵志刚　　刘海栋

副 主 编：刘　琰　　齐金良　　徐润新

参编人员：高克送　　曾　辉　　方　园　　王卫新　　孟祥金

　　　　　邢志敏　　曾　雄　　徐　鹏　　赵雅楠　　乌兰图雅

　　　　　张文明　　刘樟斌　　郑嘉鑫　　陈德荣　　杜金虎

　　　　　沈　权　　樊红彪　　吴芝泽　　张小元　　刘绪飞

　　　　　刘建新　　韩路平　　许永宁　　王晓亮　　吴海燕

　　　　　唐福钧　　聂星胜　　陆胜华　　蔡鹏飞　　黄明辉

丛 书 前 言

国民经济的快速发展带来了建筑业的繁荣，建筑市场的蓬勃发展为我国建筑企业提供了良好的发展前景，然而竞争的日趋激烈，使企业的竞争变成人才的竞争，而建筑业人才的问题已成为影响和制约我国企业走向国际市场的主要因素。现如今我国建设队伍正面临前所未有的重大发展机遇和挑战，承担着巨大的历史责任，存在建筑工人业务能力不高，专业知识缺乏，而我们所有建设项目的质量决定着我国国民经济的运行质量和资产质量。建立一支规模宏大、素质较高、结构合理的建设人才队伍已成为当务之急，培养一支技术过硬、德才兼备的员工队伍，是新形势下建筑企业面临的一项重要任务。

随着社会的发展和建筑行业的新常态，建筑市场应用型人才受到越来越多的企业青睐。建筑施工技工的数量也急剧增加，在国家提倡多层次办学以及应用型人才实际需要的情况下，根据建筑工程施工职业技能标准，本书编委会特地为高职高专、大中专土木工程类学生、土木工程技术管理人员、建筑从业技工编写的培训教材和参考书籍。

本系列丛书共分9本，根据不同工种职业操作技能，结合在建筑工程中实际的应用，针对建筑工程施工工艺、质量要求、操作方法及工作特点等作了具体、详细的阐述。

本丛书特点：

1. 本书系统地介绍了工人应了解的知识要点和操作方法，以图文并茂的形式展现理论和实践，让初学者快速入门，学而不厌，很快掌握现场施工要点。

2. 本书资料翔实、内容丰富、图文并茂，增加了施工的具体操作及方法，丰富工人的具体技能，适用于各专业工长、技术员以及刚入行或将要入行的人员等。

3. 本丛书精选施工现场常用的、重要的施工方法等知识要点，着重培养应用型人才，为建筑行业注入活力，提高人员操作水平，提高建筑施工质量，让其在建筑行业的从业者中脱颖而出，成为施工高手。

本丛书在内容上，力求做到简明实用，便于读者自学和掌握，由于学识和经验有限，尽管尽心尽力，但书中难免有疏漏或未尽之处，恳请有关专家和广大读者提出宝贵的意见。

2015 年 6 月

本 书 前 言

在建筑工程中，测量放样是作业的第一步程序，随着社会的发展和建筑行业的新常态，建筑市场应用型人才受到越来越多的企业青睐。放线工的数量也急剧增加，在国家提倡多层次办学以及应用型人才实际需要的情况下，特地为高职高专、大中专土木工程类学生及土木工程技术管理人员编写的培训教材和参考书籍。

本书共分 7 章，根据"放线工"工种职业操作技能，结合在建筑工程中实际的应用，针对建筑工程施工工艺、质量要求、操作方法及工作特点等作了具体、详细的阐述。

通过学习本书，你会发现以下优点：

1. 本书系统地介绍了放线工人应了解的知识要点和操作方法，以图文并茂的形式展现理论和实践，让初学者快速入门，学而不厌，很快掌握现场施工放线要点。

2. 本书资料翔实、内容丰富、图文并茂，增加了施工放样的具体操作及方法，丰富放线工人的具体技能，适用于各专业工长、技术员以及刚入行或将要入行的人员等。

3. 本书精选施工现场常用的、重要的施工放样方法等知识要点，着重培养应用型人才，为建筑行业注入活力，提高人员操作水平，提高建筑施工质量，让其在建筑行业的从业者中脱颖而出，成为技术高手。

本书由北京城建北方建设有限责任公司赵志刚担任主编，由中国建筑第八工程局有限公司刘海栋担任第二主编；由广东重工建设监理有限公司刘琰、浙江兆弟控股有限公司齐金良、淳安县城镇综合开发有限公司徐润新、浙江居易建筑工程有限公司徐珍功担任副主编。本书在内容上，力求做到简明实用，便于读者自学和掌握，由于学识和经验有限，尽管尽心尽力，但书中难免有疏漏或未尽之处，恳请有关专家和广大读者提出宝贵的意见。

2015 年 6 月

目　　录

第1章 测量放线概述

1.1 测量放线工基本要求

1.1.1 基本要求

测量放线工是指利用测量仪器和工具测量建筑物的平面位置和高程,并按施工图放实样、确定平面尺寸的人员。一般具有以下要求:①职业道德基本知识、职业守则要求、法律与法规相关知识;②基础理论知识:工程识图的基本知识、工程构造的基本知识;③专业基础知识:工程测量的基本知识、测量误差的基本理论知识;④专业知识:精密水准仪、经纬仪、全站仪(光电测距仪)、平板仪的基本性能、构造及使用,控制及施工测量,建筑物变形观测,地形图测绘;⑤专业相关知识:施工测量的法规和管理工作、高新科技在施工测量中的应用;⑥质量管理知识:企业质量方针、岗位质量要求、岗位的质量保证措施与责任;⑦安全文明生产与环境保护知识:现场文明生产要求、安全操作与劳动保护知识、环境保护知识。

1.1.2 测量工的岗位职责

1. 紧密配合施工,坚持实事求是、认真负责的工作作风。

2. 测量前需了解设计意图,学习和校核图纸;了解施工部署,制定测量放线方案。

3. 会同建设单位一起对红线桩测量控制点进行实地校测。

4. 测量仪器的核定、校正。

5. 与设计、监理等方面密切配合,并事先做好充分的准备工作,制定切实可行的与施工同步的测量放线方案。

6. 须在整个施工的各个阶段和各主要部位做好放线、验线工作,并要在审查测量放线方案和指导检查测量放线工作等方面加强工作,避免返工。

7. 验线工作要从审核测量放线方案开始，在各主要阶段施工前，对测量放线工作提出预防性要求，真正做到防患于未然。

8. 准确地测设标高，并负责垂直观测、沉降观测，并记录整理观测结果（数据和曲线图表）。

9. 负责及时整理完善基线复核、测量记录等测量资料。

1.2 测量仪器保养知识

测量仪器是复杂而又精密的设备，在野外进行作业时，经常要遭受风雨、日晒、灰尘和湿气等有害因素的侵蚀。因此，正确的使用，妥善地保养，对于保证仪器的精度，延长其使用年限具有极其重要的意义。

1.3 测量仪器的存放

（1）存放仪器的房间，应清洁、干燥、明亮且通风良好，室温不宜剧烈的变化，最适宜的温度是 10～16℃左右。在冬季，仪器不能存放在暖气设备附近。室内应有消防设备，但不能用一般酸碱式灭火器，宜用液体二氧化碳及四氯化碳安全消防器。室内也不要存放具有酸、碱类气味的物品，以防腐蚀仪器。

（2）存放仪器的库房，要采取严格防潮措施。库房相对湿度要求在 60％以下，特别是南方的梅雨季节，更应采取专门的防潮措施。有条件的可装空气调节器，以控制湿度和温度。一般可用氯化钙吸潮，也可用块状石灰吸潮。

（3）仪器应放在木柜内或柜架上，不要直接放在地上。三脚架应平放或者竖直放置，不应随便斜靠，以防挠曲变形。存放三脚架时，应先把活动腿缩回并将腿收拢，见图 1-1。

1.3.1 仪器在作业过程的维护

1. 从仪器箱内取、放仪器时的注意事项

从箱内取出仪器时，应注意仪器在箱内安放的位置，以便用完后按原位放回。拿取经纬仪时，不能用一只手将仪器提出。应一手握住仪器支架，另一只手托住仪器基座慢慢取出。取出后，

图 1-1　仪器存放照片

随即将仪器竖立抱起并安放在三脚架上，再旋上中心螺旋。然后关上仪器箱并放置在不易碰撞的安全地点。

作业完毕后，应将所有微动螺旋旋至中央位置，并将仪器外表的灰尘用软毛轻轻刷干净，然后按取出时的原位轻轻放入箱中。放好后要稍为拧紧各制动螺旋，以免携带时仪器在箱中摇晃受损。关闭箱盖时要缓慢妥善，不可强压或猛力冲击，试盖箱盖一次再将仪器箱盖好后上锁。

从工地作业带回来的仪器，不能放任不管，应随即打开箱盖并晾在通风干燥的地方，晾干擦净再放回箱中。

2. 在测站上架设仪器时要注意的事项

安置经纬仪时，首先要将三脚架架头大致对中、整平并架设稳当。在设置三脚架时，不容许将经纬仪先安在架头上然后摆设三脚架，必须先摆好三脚架而后放置经纬仪。三脚架一定要架设稳当，其关键在于三条脚腿不能分得太窄也不能分得太宽，一般与地面大致 60°即可。在山坡或下井架设时，必须两条脚腿在下坡方向一条脚腿在上坡方向，而决不允许与此相反。三脚架的脚尖要用脚顺着脚腿方向均匀地踩入地内，不要顺铅垂方向踩，也不能用冲力往下猛踩。

三脚架架设稳妥后，放上经纬仪，并随即拧紧中心连接螺旋。为了检查仪器在三脚架上连接的可靠性，在拧紧中心螺旋的同时，用手移动一下仪器的基座，如固紧不动则说明已连接正确，可进行下一步操作。

3. 仪器在施测过程中的注意事项

（1）在整个施测过程中，观察员不得离开仪器。如因工作需要而离开时，应委托旁人看管或将仪器装入箱内带走，以防止发生意外事故。

（2）仪器在野外作业时，必须用伞遮住太阳。在井内作业时要注意避开仪器上方的淋水或可能掉下来的石块等，以免影响观测精度和保护仪器安全。

（3）仪器箱上不能坐人，防止箱子承受不了这么大的压力以致压坏箱子，甚至会压坏仪器。

（4）当旋转仪器的照准部时，应用手握住其支架部分，而不要握住望远镜，更不能用手抓住目镜来转动。

（5）仪器的任一转动部分发生旋转困难时，不可强行旋转，必须检查并找出所以发生困难的原因，并消除解决这个问题。

（6）仪器发生故障以后，不应勉强继续使用，否则会使仪器的损坏程度加剧。但不要在野外或坑道内任意拆卸仪器，必须带回室内，由专业人员进行维修。

（7）不能用手指触及望远镜物镜或其他光学零件的抛光面。对于物镜外表面的灰尘，可用干净的驼毛刷轻轻地拂去；而对于较脏的污秽，最好在室内的条件下处理，不得已时也可用透镜纸轻轻地擦拭。

（8）在野外作业遇到雨、雪时，应将仪器立即装入箱内。不要擦拭落在仪器上的雨滴，以免损伤涂漆。须先将仪器搬到干燥的地方让它自行晾干，然后用软布擦拭仪器，再放入箱内。

4. 仪器在搬站时的注意事项

仪器在搬站时是否要装箱，可根据仪器的性质、大小、重量和搬站的远近，以及道路情况，周围环境情况等具体因素具体情况而决定。当搬站距离较远、道路复杂，要通过小河、沟渠、围墙等障碍物时，仪器最好装入箱内。在进行三角测量时，由于搬站距离比较远，仪器又精密，必须装箱背运。在进行地面或井下导线测量时，一般距离比较近，可不装箱搬站，但经纬仪必须从三脚架架头上卸下来，由一人抱在身上携带；当通过沟渠、围墙等障碍物时，仪器必须由一人传给另一个人，不要直接携带仪器跳越，以免震坏或摔坏仪器。

水准测量搬站时，水准仪不必从架头上卸下。这时可将仪器连同三脚架一起夹在肋下，仪器在前上方，并用一手托住其重心部分，脚架尽量不要过于倾斜，要近于竖直地夹稳行走。在任何情况下，仪器切不可横扛在肩上。

搬站时，应把仪器的所有制动螺旋稍微拧紧。但也不要拧得太紧，以备仪器万一受碰撞时，没有活动的余地。

5. 其他应注意的事项

(1) 仪器遇到气温变化剧烈时，必须采取专门措施。例如冬季，仪器由地面背到井下后，由于井下温度高，湿度大，仪器上面会立即凝结很多水珠。严重时，水还会顺着仪器表面往下滴，密封性能稍微差的仪器，内部光学零件表面也会凝结有水珠，以致在短时间内无法观测。另外日子一长，引起霉菌繁殖，使光学零件表面长霉起雾，严重影响观测系统的亮度及成像质量，以致报废不能使用。因此，必须采取适当措施。只要的是将仪器在地面进行保温，同时顾及防潮，不要将仪器防在冰冷而潮湿的小屋中。保温的方法，则须看具体条件而定，如有的单位采用大木箱，木箱中用木条隔开，上部位置仪器，下部装上灯泡，用温度计检查并控制箱内的温度，取得良好的效果。在北方，冬季室内有取暖设备的，一般不存在这种问题，但也应注意室内温度不能太高，仪器也不要放在靠近取暖设备的地方。

仪器存放室离坑口较远时，可在仪器箱内塞些泡沫塑料用以保温。在到达井下作业地点后，不要急于把仪器箱打开，应使仪器有半个小时左右逐步适应气温的过程。

(2) 三脚架的维护决不能忽视，要防止暴晒、雨淋、碰撞。

从工地回来要将其脏污擦拭干净，放在阴凉通风处晾干，不要放在太阳下晒干。三脚架的伸缩滑动部分，经常擦白蜡，这不但可以防止水分渗蚀木质而引起脚架变形，而且还可以增加滑动部分的光滑度，以利使用。架头及其他连接部分要经常地检查、调整，防止松动。

1.3.2 测量仪器的保管注意事项

测量仪器保管时的注意事项如下：

仪器的保管应由专人负责，仪器的放置应有专门的地方。

1. 保管仪器的地主应保持干燥，要防潮防水。仪器应放置在专门的架上或柜内。

2. 仪器长期不使用时应定期通电驱潮（以 1 个月左右为宜），以保证仪器在良好的工作状态。

3. 保管仪器的地主不应靠近有振动设备的车间或易燃品堆放处，至少距离这些地方 100m 以上。

4. 放置仪器要整齐，不得倒置。

5. 三脚架有时会发生螺丝松动情况，应注意经常检查。

6. 若仪器长期不使用，至少每 3 个有进行全面检查一次。

7. 为确保仪器的精度，应定期对仪器进行检查和校正。

第 2 章 测量仪器及设备

2.1 钢尺及量距其他工具

钢尺量距，就是借助钢尺或卷尺以及其他辅助测试距离的工具和仪器，进行距离的测试和衡量。包括点间距离、平面距离、斜面距离、高度距离、深度距离等各个方面的距离，都可以用钢尺量距来实现。

钢尺量距方便、直接，且使用的工具成本低，钢尺测量见图 2-1。

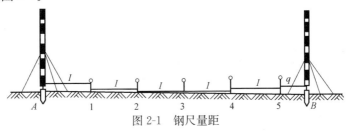

图 2-1 钢尺量距

视距测距是一种传统的水平距离和高差的间接测量方法，利用经纬仪或水准仪望远镜中的视距丝和视距尺按几何光学原理进行测距，视距尺见图 2-2。

光电测距就是利用仪器发射电磁波测量其在被测距离上往返所用的时间，从而测量出距离。光电测距见图 2-3。

2.1.1 测量方法

1. 一般方法

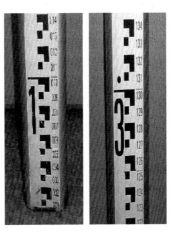

图 2-2 视距尺

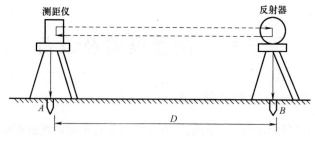

图 2-3 光电测距

（1）在平坦地面上丈量水平距离

目的：丈量 AB 直线两点的水平距离。

方法：目估定向，进行整尺段丈量，然后量最后的零尺段。为了提高精度一般需要往返测量。

计算：尺子长度为 l，量了 n 个整尺段，零尺段长为 q，则全长 L：$L = nl + q$

算例：往测为 208.926m，返测为 208.842m，则其往返平均值 L 平为 208.884m，相对误差为：

精度：在平坦地区量距，其精度一般要求达到 1/2000 以上，在困难的山地要求在 1/1000 以上。

（2）在倾斜地面丈量水平距离

1）平量法；

2）斜量法。

2. 精密方法：

（1）经纬仪定线

将经纬仪安置于 A 点，瞄准 B 点，然后在 AB 的视线上用钢尺量距，依次定出比钢尺一整尺略短的尺段端点 1，2，…。在各尺段端点打入木桩，桩顶高出地面 5～10cm，在每个桩顶刻划十字线，其中一条在 AB 方向上，另一条垂直 AB 方向，以其交点作为钢尺读数的依据。

（2）量距

量距是用经过检定的钢尺，两人拉尺，两人读数，一人记录及观测温度。

量距时由后尺手用弹簧秤控制施加于钢尺的拉力（30m 钢尺，标准拉力为 100N）。前、后读数员应同时在钢尺上读数，估读到 0.5mm。每尺段要移动钢尺三次不同位置，三次丈量结果的互差不应超过 2mm，取三段丈量结果的平均值作为尺段的最后结果。随之进行返测，如要进行温度和倾斜改正，还要观测现场温度和各桩顶高差。

2.1.2 量距工具

1. 钢尺：钢尺是用薄钢片制成的带状尺，可卷入金属圆盒内，故又称钢卷尺。尺宽约 10～15mm，长度有 20m、30m 和 50m 等几种。根据尺的零点位置不同，有端点尺和刻线尺之分。

钢尺的优点：钢尺抗拉强度高，不易拉伸，所以量距精度较高，在工程测量中常用钢尺量距。

钢尺的缺点：钢尺性脆，易折断，易生锈，使用时要避免扭折、防止受潮。

2. 测杆：测杆多用木料或铝合金制成，直径约 3cm、全长有 2m、2.5m 及 3m 等几种规格。杆上油漆成红、白相间的 20cm 色段，非常醒目，测杆下端装有尖头铁脚，便于插入地面，作为照准标志。

3. 测钎：测钎一般用钢筋制成，上部弯成小圆环，下部磨尖，直径 3～6mm，长度 30～40cm。钎上可用油漆涂成红、白相间的色段。通常 6 根或 11 根系成一组。量距时，将测钎插入地面，用以标定尺端点的位置，亦可作为近处目标的瞄准标志。

4. 锤球、弹簧秤和温度计：锤球用金属制成，上大下尖呈圆锥形，上端中心系一细绳，悬吊后，锤球尖与细绳在同一垂线上。它常用于在斜坡上丈量水平距离。弹簧秤和温度计等将在精密量距中应用。

2.2 水准仪

水准仪是建立水平视线测定地面两点间高差的仪器。原理为根据水准测量原理测量地面点间高差。主要部件有望远镜、管水准器（或补偿器）、垂直轴、基座、脚螺旋。按结构分为微倾水准仪、自动安平水准仪、激光水准仪和数字水准仪（又称电子水准仪）。按精度分为精密水准仪和普通水准仪。

2.2.1　分类

1. 微倾水准仪

借助微倾螺旋获得水平视线。其管水准器分划值小、灵敏度高。望远镜与管水准器联结成一体。凭借微倾螺旋使管水准器在竖直面内微作俯仰，符合水准器居中，视线水平。见图 2-4。

2. 自动安平水准仪

借助自动安平补偿器获得水平视线。当望远镜视线有微量倾斜时，补偿器在重力作用下对望远镜做相对移动，从而迅速获得视线水平时的标尺读数。这种仪器较微倾水准仪工效高、精度稳定。见图 2-5。

图 2-4　微倾水准仪　　　　　图 2-5　自动安全水准仪

3. 激光水准仪

利用激光束代替人工读数。将激光器发出的激光束导入望远镜筒内使其沿视准轴方向射出水平激光束。在水准标尺上配备能自动跟踪的光电接收靶，即可进行水准测量。见图 2-6。

4. 数字水准仪

这是 20 世纪 90 年代发展的水准仪，集光机电、计算机和图像处理等高新技术为一体，是现代科技最新发展的结晶。见图2-7。

图 2-6　激光水准仪　　　　图 2-7　数字水准仪

2.2.2　仪器原理

1. 微倾水准仪

借助于微倾螺旋获得水平视线的一种常用水准仪。作业时先用圆水准器将仪器粗略整平，每次读数前再借助微倾螺旋，使符合水准器在竖直面内俯仰，直到符合水准气泡精确居中，使视线水平。微倾的精密水准仪同普通水准仪比较，前者管水准器的分划值小、灵敏度高，望远镜的放大倍率大，明亮度强，仪器结构坚固，特别是望远镜与管水准器之间的连接牢固，装有光学测微器，并配有精密水准标尺，以提高读数精度。中国生产的微倾式精密水准仪，其望远镜放大倍率为 40 倍，管水准器分划值为 $10''/2\mathrm{mm}$，光学测微器最小读数为 0.05mm，望远镜照准部分、管水准器和光学测微器都共同安装在防热罩内。

2. 自动安平水准仪

借助于自动安平补偿器获得水平视线的一种水准仪。它的特点主要是当望远镜视线有微量倾斜时，补偿器在重力作用下对望远镜做相对移动，从而能自动而迅速地获得视线水平时的标尺读数。补偿的基本原理是：当望远镜视线水平时，与物镜主点同高的水准标尺上物点 P 构成的像点 ZO 应落在十字丝交点 Z 上。

当望远镜对水平线倾斜一小角 α 后，十字丝交点 Z 向上移动，但像点 ZO 仍在原处，这样即产生一读数差 ZOZ。当很小时可以认为 ZOZ 的间距为 $\alpha \times f'$（f' 为物镜焦距），这时可在光路中 K 点装一补偿器，使光线产生屈折角 β，在满足 $\alpha \times f' = \beta \times SO$（$SO$ 为补偿器至十字丝中心的距离，即 KZ）的条件下，像 ZO 就落在 Z 点上；或使十字丝自动对仪器作反方向摆动，十字丝交点 Z 落在 ZO 点上。

如光路中不采用光线屈折而采用平移时，只要平移量等于 ZOZ，则十字丝交点 Z 落在像点 ZO 上，也同样能达到 ZO 和 Z 重合的目的。自动安平补偿器按结构可分为活动物镜、活动十字丝和悬挂棱镜等多种。补偿装置都有一个"摆"，当望远镜视线略有倾斜时，补偿元件将产生摆动，为使"摆"的摆动能尽快地得到稳定，必须装一空气阻尼器或磁力阻尼器。这种仪器较微倾水准仪工效高、精度稳定，尤其在多风和气温变化大的地区作业更为显著。

3. 激光水准仪

利用激光束代替人工读数的一种水准仪。将激光器发出的激光束导入望远镜筒内，使其沿视准轴方向射出水平激光束。

利用激光的单色性和相干性，可在望远镜物镜前装配一块具有一定遮光图案的玻璃片或金属片，即波带板，使之所生衍射干涉。经过望远镜调焦，在波带板的调焦范围内，获得一明亮而精细的十字形或圆形的激光光斑，从而更精确地照准目标。如在前、后水准标尺上配备能自动跟踪的光电接收靶，即可进行水准测量。在施工测量和大型构件装配中，常用激光水准仪建立水平面或水平线。

数字水准仪是目前最先进的水准仪，配合专门的条码水准尺，通过仪器中内置的数字成像系统，自动获取水准尺的条码读数，不再需要人工读数。这种仪器可大大降低测绘作业劳动强度，避免人为的主观读数误差，提高测量精度和效率。

4. 电子水准仪

电子水准仪又称数字水准仪，它是在自动安平水准仪的基础上发展起来的。它采用条码标尺，各厂家标尺编码的条码图案不相同，不能互换使用。2013 年前照准标尺和调焦仍需目视进行。人工完成照准和调焦之后，标尺条码一方面被成像在望远镜分化板上，供目视观测，另一方面通过望远镜的分光镜，标尺条码又被成像在光电传感器（又称探测器）上，即线阵 CCD 器件上，供电子读数。因此，如果使用传统水准标尺，电子水准仪又可以像普通自动安平水准仪一样使用。不过这时的测量精度低于电子测量的精度。特别是精密电子水准仪，由于没有光学测微器，当成普通自动安平水准仪使用时，其精度更低。条码标尺见图2-8。

图 2-8　条码标识

2.3　经纬仪

经纬仪，测量水平角和竖直角的仪器；是根据测角原理设计的。目前最常用的是电子经纬仪。

2.3.1　光学经纬仪的分类

按物理特性分：游标经纬仪、光学经纬仪和电子经纬仪。

按测角精度分：

DJ07——一测回水平方向中误差 0.7″：用于一等三角；

DJ1——一测回水平方向中误差 1.0″：用于一、二等三角；

DJ2——一测回水平方向中误差 2.0″：用于三、四等三角；

DJ6——一测回水平方向中误差 6.0″：用于地形测图、一般工程。

DJ 为"大地"、"经纬仪"的汉语拼音缩写。

DJ6 经纬仪是一种广泛使用在地形测量、工程及矿山测量中的光学经纬仪。主要由水平度盘、照准部和基座三大部分组成。见图 2-9、图 2-10。

图 2-9 DJ6 经纬仪

2.3.2 度盘读数装置及读数方法

光学经纬仪的读数系统包括水平和垂直度盘、测微装置、读数显微镜等几个部分。水平度盘和垂直度盘上的度盘刻划的最小格值一般为 1°或 30′，在读取不足一个格值的角值时，必须借助测微装置，DJ6 级光学经纬仪的读数测微器装置有测微尺和平行玻璃测微器两种。

（1）测微尺读数装置

目前新产 DJ6 级光学经纬仪均采用这种装置。在读数显微镜的视场中设置一个带分划尺的分划板，度盘上的分划线经显微镜放大后成像于该分划板上，度盘最小格值（60′）的成像宽度正好等于分划板上分划尺 1°分划间的长度，分划尺分 60 个小格，

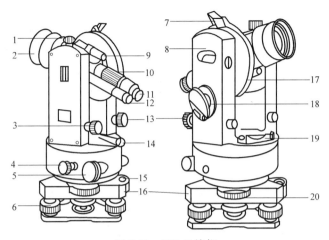

图 2-10 DJ6 经纬仪

1—望远镜制动螺旋；2—望远镜；3—望远镜微动螺旋；4—水平制动；5—水平
微动螺旋；6—脚螺旋；9—光学瞄准器；10—物镜调焦；11—目镜调焦；
12—度盘读数显微镜调焦；13—竖盘指标管水准器微动螺旋；14—光学
对中器；15—基座圆水准器；16—仪器基座；17—竖直度盘；18—垂直
度盘照明镜；19—照准部管水准器；20—水平度盘位置变换手轮

注记方向与度盘的相反，用这 60 个小格去量测度盘上不足一格的格值。量度时以零零分划线为指标线。见图 2-11。

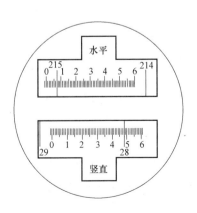

图 2-11 测微尺读数

如图 2-11 所示：

水平度盘读数为 $100°04'.5$

垂直度盘读数为 $89°06'.3$

（2）单平行玻璃板测微器读数装置

单平行玻璃板测微器的主要部件有：单平行板玻璃、扇形分划尺和测微轮等。这种仪器度盘格值为 $30'$，扇形分划尺上有 90 个小格，格值为 $30'/90＝20''$。

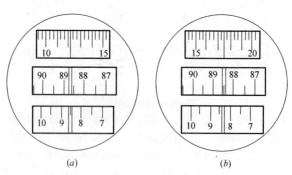

图 2-12　单平行玻璃板测微器读数

测角时，当目标瞄准后转动测微轮，用双指标线夹住度盘分划线影像后读数。整度数根据被夹住的度盘分划线读出，不足整度数部分从测微分划尺读出。如图 2-12（a）所示，水平度盘的读数为 $8°42'08''$，如图 2-12（b）所示，垂直度盘读数为 $88°47'24''$。

（3）读数显微镜

光学经纬仪读数显微镜的作用是将读数成像放大，便于将度盘读数读出。

2.3.3　水准器

光学经纬仪上有 2～3 个水准器，其作用是使处于工作状态的经纬仪垂直轴铅垂、水平度盘水平，水准器分管水准器和圆水准器两种。

（1）管水准器

管水准器安装在照准部上，其作用是仪器精确整平。

（2）圆水准器

圆水准器用于粗略整平仪器。它的灵敏度低，其格值为 $8''/2mm$。

2.3.4　测回法及方向法测水平角

水平角观测的工作环节包括：安置经纬仪、照准目标、读数、记录。

经纬仪安置：

将经纬仪正确安置在测站点上，包括对中和整平两个步骤。

1）对中

指将仪器的纵轴安置到与过测站的铅垂线重合的位置。首先，根据观测者的身高调整好三脚架腿的长度，张开脚架并踩实，并使三脚架头大致水平。将经纬仪从仪器箱中取出，用三脚架上的中心螺旋旋入经纬仪基座底板的螺旋孔。对中可利用垂球或光学对中器进行。

① 垂球对中

挂垂球于中心螺旋下部的挂钩上，调垂球线长度至垂球尖与地面点间的铅垂距≤2mm，垂球尖与地面点的中心偏差不大时通过移动仪器，偏差较大时通过平移三脚架，使垂球尖大致对准地面点中心，偏差大于 2mm 时，微松连接螺旋，在三脚架头微量移动仪器，使垂球尖准确对准测站点，旋紧连接螺旋紧。

② 光学对点器对中

调节光学对点器目镜、物镜调焦螺旋，使视场中的标志圆（或十字丝）和地面目标同时清晰；旋转脚螺旋，令地面点成像于对点器的标志中心，此时因基座不水平而圆水准器气泡不居中；调节三脚架腿长度，使圆水准器气泡居中，进一步调节脚螺旋，使水平度盘水准管在任何方向气泡都居中；光学对点器对中误差应小于 1mm。

2）整平

整平指使仪器的纵轴铅垂，垂直度盘位于铅垂平面，水平度盘和横轴水平的过程。精确整平前应使脚架头大致水平，调节基座上的三个脚螺旋，使照准部水准管在任何方向上气泡都居中；方法如下："左手螺旋法则"。见图 2-13。

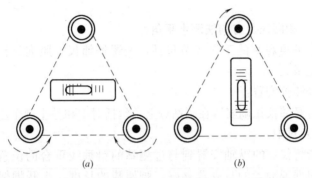

(a)　　　　　　　　　　(b)

图 2-13　整平方法

注意上述整平、对中应交替进行，最终既使仪器垂直轴铅垂，又使铅垂的垂直轴与过地面测站点标志中心的铅垂线重合。

2.3.5　照准点上照准标志与瞄准方法

照准标志：测量角度时，仪器所在点称为测站点，远方目标点称为照准点，在照准点上必须设立照准标志便于瞄准。测角时用的照准标志有觇牌或测钎、垂球线等。

瞄准目标方法和步骤：

1）将望远镜对向明亮的背景（如天空），调目镜调焦螺旋，使十字丝最清晰。

2）旋转照准部，通过望远镜上的外瞄准器，对准目标，旋紧水平及垂直制动螺旋。

3）转动物镜调焦螺旋至目标的成像最清晰，旋竖直微动螺旋和水平微动螺旋，使目标成像的几何中心与十字丝的几何中心（竖丝）重合，目标被精确瞄准。

2.4　全站仪

全站仪，即全站型电子测距仪（Electronic Total Station），

是一种集光、机、电为一体的高技术测量仪器，是集水平角、垂直角、距离（斜距、平距）、高差测量功能于一体的测绘仪器系统。与光学经纬仪比较电子经纬仪将光学度盘换为光电扫描度盘，将人工光学测微读数代之以自动记录和显示读数，使测角操作简单化，且可避免读数误差的产生。因其一次安置仪器就可完成该测站上全部测量工作，所以称之为全站仪。广泛用于地上大型建筑和地下隧道施工等精密工程测量或变形监测领域。

全站仪与光学经纬仪区别在于度盘读数及显示系统，电子经纬仪的水平度盘和竖直度盘及其读数装置是分别采用（编码盘）或两个相同的光栅度盘和读数传感器进行角度测量的。根据测角精度，可分为 0.5″、1″、2″、3″、5″、7″等几个等级。

2.4.1 分类

全站仪采用了光电扫描测角系统，其类型主要有：编码盘测角系统、光栅盘测角系统及动态（光栅盘）测角系统等三种。

全站仪按其外观结构可分为两类：

（1）积木型（Modular，又称组合型）

早期的全站仪，大都是积木型结构，即电子速测仪、电子经纬仪、电子记录器各是一个整体，可以分离使用，也可以通过电缆或接口把它们组合起来，形成完整的全站仪。

（2）整体型（Integral）

随着电子测距仪进一步的轻巧化，现代的全站仪大都把测距、测角和记录单元在光学、机械等方面设计成一个不可分割的整体，其中测距仪的发射轴、接收轴和望远镜的视准轴为同轴结构。这对保证较大垂直角条件下的距离测量精度非常有利。

全站仪按测量功能分类，可分成四类：

（1）经典型全站仪（Classical total station）

经典型全站仪也称为常规全站仪，它具备全站仪电子测角、电子测距和数据自动记录等基本功能，有的还可以运行厂家或用户自主开发的机载测量程序。其经典代表为徕卡公司的 TC 系列全站仪。见图 2-14。

（2）机动型全站仪（Motorized total station）

在经典全站仪的基础上安装轴系步进电机，可自动驱动全站仪照准部和望远镜的旋转。在计算机的在线控制下，机动型系列全站仪可按计算机给定的方向值自动照准目标，并可实现自动正、倒镜测量。徕卡 TCM 系列全站仪就是典型的机动型全站仪。

（3）无合作目标性全站仪（Reflectorless total station）

无合作目标型全站仪是指在无反射棱镜的条件下，可对一般的目标直接测距的全站仪。因此，对不便安置反射棱镜的目标进行测量，无合作目标型全站仪具有明显优势。如徕卡 TCR 系列全站仪，无合作目标距离测程可达 1000m，可广泛用于地籍测量、房产测量和施工测量等。见图 2-15。

图 2-14　TCRP 全站仪

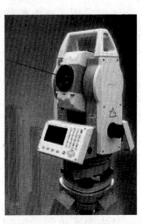
图 2-15　免棱镜全站仪

（4）智能型全站仪（Robotic total station）

在自动化全站仪的基础上，仪器安装自动目标识别与照准的新功能，因此在自动化的进程中，全站仪进一步克服了需要人工照准目标的重大缺陷，实现了全站仪的智能化。在相关软件的控制下，智能型全站仪在无人干预的条件下可自动完成多个目标的识别、照准与测量。因此，智能型全站仪又称为"测量机器人"，典型的代表有徕卡的 TCA 型全站仪等。

全站仪按测距仪测距分类，还可以分为三类：

（1）短距离测距全站仪

测程小于 3km，一般精度为 $\pm(5mm+5ppm)$，主要用于普通测量和城市测量。见图 2-16。

（2）中测程全站仪

测程为 $3\sim15km$，一般精度为 $\pm(5mm+2ppm)$、$\pm(2mm+2ppm)$，通常用于一般等级的控制测量。

图 2-16 全世界精度最高的全站仪 TCA2003

（3）长测程全站仪

测程大于 15km，一般精度为 $\pm(5mm+1ppm)$，通常用于国家三角网及特级导线的测量。

自动陀螺全站仪：

由陀螺仪 GTA1000 与无合作目标全站仪 RTS812R5 组成的自动陀螺全站仪能够在 20min 内，最高以 $\pm5''$ 的精度测出真北方向。

GTA1800R 这款仪器实现了陀螺仪和全站仪的有机整合，GTA1000 陀螺仪上架于 RTS812R5 系列全站仪。

GTA1800R 在全站仪的操作软件里实现和陀螺仪的通信，轻松完成待测边的定向。

GTA1800R 可以实现北方向的自动观测，免去了人工观测的劳动量和不确定性。见图 2-17。

2.4.2 使用方法

全站仪具有角度测量、距离（斜距、平距、高差）测量、三维坐标测量、导线测量、交会定点测量和放样测量等多种用途。内置专用软件后，功能还可进一步拓展。

全站仪的基本操作与使用方法：

图 2-17　自动陀螺全站仪

水平角测量：

（1）按角度测量键，使全站仪处于角度测量模式，照准第一个目标 A。

（2）设置 A 方向的水平度盘读数为 $0°00'00''$。

（3）照准第二个目标 B，此时显示的水平度盘读数即为两方向间的水平夹角。

距离测量：

（1）设置棱镜常数。测距前须将棱镜常数输入仪器中，仪器会自动对所测距离进行改正。

（2）设置大气改正值或气温、气压值。光在大气中的传播速度会随大气的温度和气压而变化，15℃ 和 760mmHg 是仪器设置的一个标准值，此时的大气改正为 0ppm。实测时，可输入温度和气压值，全站仪会自动计算大气改正值（也可直接输入大气改正值），并对测距结果进行改正。

（3）量仪器高、棱镜高并输入全站仪。

（4）距离测量。照准目标棱镜中心，按测距键，距离测量开始，测距完成时显示斜距、平距、高差。

全站仪的测距模式有精测模式、跟踪模式和粗测模式三种。精测模式是最常用的测距模式，测量时间约 2.5s，最小显示单位 1mm；跟踪模式，常用于跟踪移动目标或放样时连续测距，最小显示一般为 1cm，每次测距时间约 0.3s；粗测模式，测量时间约 0.7s，最小显示单位 1cm 或 1mm。在距离测量或坐标测量时，可按测距模式（MODE）键，选择不同的测距模式。

应注意，有些型号的全站仪在距离测量时不能设定仪器高和棱镜高，显示的高差值是全站仪横轴中心与棱镜中心的高差。

坐标测量：

（1）设定测站点的三维坐标。

（2）设定后视点的坐标或设定后视方向的水平度盘读数为其方位角。当设定后视点的坐标时，全站仪会自动计算后视方向的方位角，并设定后视方向的水平度盘读数为其方位角。

（3）设置棱镜常数。

（4）设置大气改正值或气温、气压值。

（5）量仪器高、棱镜高并输入全站仪。

（6）照准目标棱镜，按坐标测量键，全站仪开始测距并计算显示测点的三维坐标。

2.5 GPS卫星定位系统

全球定位系统（英语：Global Positioning System，通常简称 GPS），又称全球卫星定位系统，是一个中距离圆形轨道卫星导航系统。它可以为地球表面绝大部分地区（98%）提供准确的定位、测速和高精度的时间标准。GPS 系统拥有如下多种优点：使用低频讯号，纵使天候不佳仍能保持相当的讯号穿透性；全球覆盖（高达 98%）；三维定速、定时、高精度；快速、省时、高效率；应用广泛、多功能；可移动定位；不同于双星定位系统，使用过程中接收机不需要发出任何信号增加了隐蔽性，提高了其军事应用效能。见图 2-18。

2.5.1 工作原理

测量学中有测距交会确定点位的方法。与其相似，无线电导航定位系统、卫星激光测距定位系统，其定位

图 2-18　测地距 GPS

23

原理也是利用测距交会的原理确定定位。

就无线电导航定位来说，设想在地面上有三个无线电信号发射台，其坐标为已知，用户接收机在某一时刻采用无线电测距的方法分别获得了接收机至三个发射台的距离 d1、d2、d3。只需以三个发射台为圆心，以 d1、d2、d3 为半径作出三个定位球面，即可交汇出用户接收机的空间位置。这种无线电导航定位是迄今为止仍在使用的飞机、轮船的一种导航定位方法。

近代卫星大地测量中的卫星激光测距定位，也是应用了测距交会定位的原理和方法。虽然用于激光测距的卫星（表面上安装有激光反射镜）在不停运动中，但总可以被利用。

固定于地面上三个已知点上的卫星激光测距仪同时测定某一时刻至卫星的空间距离 d1、d2、d3，应用测距交会的原理便可以确定该时刻卫星的空间位置。这样，可以确定三颗以上卫星的空间位置。如果在第四个地面点上（坐标未知）也有一台卫星激光测距仪同时参与了测定该点至三颗卫星点的空间距离，则利用所测定的三个空间距离可以交会出该地面点的位置。

将无线电信号发射台从地面点搬到卫星上，组成一个卫星导航定位系统，应用无线电测距交会的原理，便可由三个以上地面已知点（控制台）交会处卫星的位置；反之，利用三颗以上卫星的已知空间位置，又可交会处地面位置点（用户接收机）的位置。这便是 GPS 未定定位的基本原理。

2.5.2 应用

1. GPS 在道路工程中的应用

GPS 在道路工程中的应用，目前主要是用于建立各种道路工程控制网及测定航测外控点等。随着高等级公路的迅速发展，对勘测技术提出了更高的要求，由于线路长、已知点少，因此，用常规测量手段不仅布网困难，而且难以满足高精度的要求。目前，国内已逐步采用 GPS 技术建立线路首级高精度控制网，如沪宁、沪杭高速公路的上海段就是利用 GPS 建立了首级控制网，然后用常规方法布设导线加密。实践证明，在几十公里范围内的点位误差只有 2cm 左右，达到了常规方法难以实现的精度，同时也大大提前了工期。

2. GPS 在汽车导航和交通管理中的应用

三维导航是 GPS 的首要功能，飞机、船舶、地面车辆以及步行者都可利用 GPS 导航接收器进行导航。汽车导航系统是在全球定位系统 GPS 基础上发展起来的一门新型技术。

汽车导航系统由 GPS 导航、自律导航、微处理器、车速传感器、陀螺传感器、CD—ROM 驱动器、LCD 显示器组成。

GPS 导航是由 GPS 接收机接收 GPS 卫星信号（三颗以上），求出该点的经纬度坐标、速度、时间等信息。为提高汽车导航定位精度，通常采用差分 GPS 技术。当汽车行驶到地下隧道、高层楼群、高速公路等遮掩物而与捕获不到 GPS 卫星信号时，系统可自动导入自律导航系统，此时由车速传感器检测出汽车的行进速度，通过微处理单元的数据处理，从速度和时间中直接算出前进的距离，陀螺传感器直接检测出前进的方向。陀螺仪还能自动存储各种数据，即使在更换轮胎暂时停车时，系统也可以重新设定。

GPS 导航系统与电子地图、无线电通信网络及计算机车辆管理信息系统相结合，可以实现车辆跟踪和交通管理等许多功能，这些功能包括：车辆跟踪、话务指挥、紧急援助等。

3. GPS 在消防工作中的应用

GPS 卫星定位系统在消防工作中的应用，可以提高消防工作的监控、数据录入以及实时调动指挥，为消防部门对消防设施的及时监控检查，有效预防和处理消防事故，提高消防工作的效率，为建设科学、合理的消防指挥系统提供了技术支持，同时还为消防工作的全面展开提供了便利条件。GPS 卫星定位系统在消防系统中具有指挥功能、报警功能、信息采集传输功能以及车辆管理功能。具体来说，其应用主要包括在指挥系统、监控系统以及车辆定位管理系统中的应用。

第3章 测量误差基本知识

3.1 测量误差产生的原因及种类

3.1.1 测量误差产生的原因

产生测量误差的因素是多方面的，概括起来有以下三个因素：

1. 仪器精度的有限性，测量中使用的仪器和工具不可能十分完善，致使测量结果产生误差。例如：用普通水准尺进行水准测量时，最小分划为5mm，就难以保证毫米数的完全正确性。经纬仪、水准仪检校不完善产生的残余误差影响，例如：水准仪视准轴部平行于水准管轴，水准尺的分划误差等。这些都会使观测结果含有误差。

2. 观测者感觉器官鉴别能力的局限性；会对测量结果产生一定的影响，例如对中误差、观测者估读小数误差、瞄准目标误差等。

3. 观测过程中，外界条件的不定性，如温度、阳光、风等时刻都在变化，必将对观测结果产生影响，例如：温度变化使钢尺产生伸缩，阳光照射会使仪器发生微小变化，较阴的天气会使目标不清楚等。

通常把以上三种因素综合起来，称为观测条件。可想而知，观测条件好，观测中产生的误差就会小；反之，观测条件差，观测中产生的误差就会大。但是，不管观测条件如何，受上述因素的影响，测量中存在误差是不可避免的。应该指出，误差与粗差是不同的，粗差是指观测结果中出现的错误，如测错、读错、记错等，不允许存在。为杜绝粗差，除了加强作业人员的责任心，提高操作技术外，还应采取必要的检校措施。

3.1.2 测量误差产生的种类

测量误差按其性质不同可分为系统误差和偶然误差。

1. 系统误差

在相同的观测条件下，对某量进行一系列观测，若出现的误差在数值大小或符号上保持不变或按一定的规律变化，这种误差称为系统误差。例如用名义长度为30m，而实际长度为30.004m的钢尺量距，每量一尺就有0.004m的系统误差，它就是一个常数。又如水准测量中，视准轴与水准管轴不能严格平行，存在一个微小夹角，角一定时在尺上的读数随视线长度成比例变化，但大小和符号总是保持一致性。

系统误差具有累计性，对测量结果影响甚大，但它的大小和符号有一定的规律，可通过计算或观测方法加以消除，或者最大限度地减小其影响，如尺长误差可通过尺长改正加以消除，水准测量中的角误差，可以通过前后视线等长，消除其对高差的影响。

2. 偶然误差

在相同的观测条件下，对某量进行一系列观测，如出现的误差在数值大小和符号上均不一致，且从表面看没有任何规律性，这种误差称为偶然误差。如水准标尺上毫米数的估读，有时偏大，有时偏小。由于大气的能见度和人眼的分辨能力等因素，使照准目标有时偏左，有时偏右。

偶然误差亦称随机误差，其符号和大小在表面上无规律可循，找不到予以完全消除的方法，因此须对其进行研究。因为在表面上是偶然性在起作用，实际上却始终是受其内部隐蔽着的规律所支配，问题是如何把这种隐蔽的规律揭示出来。

3.2 衡量精度的标准

为了对测量成果的精确程度作出评定，有必要建立一种评定精度的标准，通常用中误差，相对误差和容许误差来表示。

1. 中误差

设在相同的观测条件下，对某量进行 n 次重复观测，其观测值为 l_1、l_2、$\cdots$、l_n，相应的真误差为 Δ_1、Δ_2、$\cdots$、Δ_n。则观测值的中误差 m 为：

$$m=\pm\sqrt{\frac{[\Delta\Delta]}{n}}$$

式中　n——观测次数；

　　　m——称为观测值中误差（又称均方误差）；

　　$[\Delta\Delta]$——真误差的平方和。

上式表明了中误差与真误差的关系，中误差并不等于每个观测值的真误差，中误差仅是一组真误差的代表值，当一组观测值的测量误差越大，中误差也就越大，其精度就越低；测量误差越小，中误差也就越小，其精度就越高。

【例题】 甲、乙两个小组，各自在相同的观测条件下，对某三角形内角和分别进行了 7 次观测，求得每次三角形内角和的真误差分别为：

甲组：$+2''$、$-2''$、$+3''$、$+5''$、$-5''$、$-8''$、$+9''$

乙组：$-3''$、$+4''$、$0''$、$-9''$、$-4''$、$+1''$、$+13''$

则甲、乙两组观测值中误差为：

$$m_{甲}=\pm\sqrt{\frac{(+2'')^2+(-2'')^2+(+3'')^2+(+5'')^2+(-5'')^2+(-8'')^2+(+9'')^2}{7}}$$

$$=\pm5.5''$$

$$m_{甲}=\pm\sqrt{\frac{(-3'')^2+(+4'')^2+(+0'')^2+(-9'')^2+(-4'')^2+(+1'')^2+(+13'')^2}{7}}$$

$$=\pm6.3''$$

由此可知，乙组观测精度低于甲组，这是因为乙组的观测值中有较大误差出现，因中误差能明显反映出较大误差对测量成果可靠程度的影响，所以成为被广泛采用的一种评定精度的标准。

2. 相对误差

测量工作中对于精度的评定，在很多情况下用中误差这个标准是不能完全描述对某量观测的精确度的。例如，用钢卷尺丈量了 100m 和 1000m 两段距离，其观测值中误差均为 ±0.1，若以中误差来评定精度，显然就要得出错误结论，因为量距误差与其长度有关，为此需要采取另一种评定精度的标准，即相对误差。相对误差是指绝对误差的绝对值与相应观测值之比，通常以分子为1，分母为整数形式表示。

$$相对误差 = \frac{误差的绝对值}{观测值} = \frac{1}{T}$$

绝对误差指中误差、真误差、容许误差、闭合差和较差等，它们具有与观测值相同的单位。上例前者相对中误差为 $\frac{0.1}{100} = \frac{1}{1000}$，后者为 $\frac{0.1}{1000} = \frac{1}{10000}$ 很明显，后者的精度高于前者。

相对误差常用于距离丈量的精度评定，而不能用于角度测量和水准测量的精度评定，这时因为后两者的误差大小与观测量角度、高差的大小无关。

3. 极限误差

由偶然误差第一个特性可知，在一定的观测条件下，偶然误差的绝对值不会超过一定的限值。根据误差理论和大量的实践证明，大于两倍中误差的偶然误差，出现的机会仅有 5%，大于三倍中误差偶然误差的出现机会仅为 3‰。即大约在 300 次观测中，才可能出现一个大于三倍中误差的偶然误差，因此，在观测次数不多的情况下，可认为大于三倍中误差的偶然误差实际上是不可能出现的。

故常以三倍中误差作为偶然误差的极限值，称为极限误差，用 $\Delta_限$ 表示：

$$\Delta_限 = 3m$$

在实际工作中，一般常以两倍中误差作为极限值。

$$\Delta_限 = 2m$$

如观测值中出现了超过 $2m$ 的误差，可以认为该观测值不可靠，应舍去不用。

3.3 误差传播定律

根据衡量精度的指标可以对同精度观测值的真误差来评定观测值精度。但是，在实际工作中有许多未知量不能直接观测而求得，需要由观测值间接计算出来。例如某未知点 B 的高程 HB，是由起始点 A 的高程 HA。加上从 A 点到 B 点间进行了若干站水准测量而得来的观测高差 h_1、h_2、$\cdots$、h_n 求和得出的。这时未知点 B 的高程 H_B 是各独立观测值（如观测高差 h_1、h_2、$\cdots$、h_n）的函数。那么如何根据观测值的中误差去求观测值函数的中误差呢？

由于直接观测值有误差，故它的函数也必然会有误差。研究观测值函数的精度评定问题，实质上就是研究观测值函数的中误差与观测值中误差的关系问题。这种关系又称误差传播定律。

误差传播定律在测绘领域应用十分广泛，利用它不仅可以求得观测值函数的中误差，而且还可以研究确定容许误差值以及事先分析观测可能达到的精度等。

第4章 测量放线基本方法

4.1 测量距离

概述：测量上要求的距离通常是指两点间的水平距离（简称平距），若测得的是倾斜距离（简称斜距），还须将其改算为平距。见图4-1。

距离测量的方法：

1. 直接量距：卷尺量距（钢、皮尺），见图4-2。

2. 间接量距：

普通视距（经纬仪、水准仪等），见图4-3。

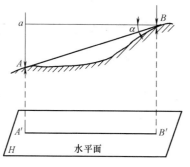

图 4-1 平距示意图

图 4-2 卷尺

电磁波测距（测距仪、全站仪），见图4-4。

GPS、三维激光扫描仪等，见图4-5。

4.1.1 钢尺量距

1. 量距工具辅助工具（花杆、测钎），见图4-6。

图 4-3 经纬仪

图 4-4 全转仪

图 4-5 GPS

图 4-6 测钎

2. 直线定线：标定各点在同一直线上的工作，称为直线定线。

包括：目估定线、经纬仪定线。

3. 钢尺量距的一般方法：

（1）平坦地段量距，见图 4-7。

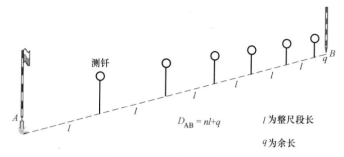

图 4-7 平坦地段量距

（2）倾斜地面量距，见图 4-8。

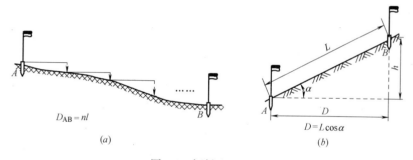

图 4-8 倾斜地面量距

（a）平量法；（b）斜量法

（3）钢尺量距的精度。在实际丈量中，一般需要进行往返丈量，并用相对误差进行精度评定，相对误差为：

$$K = \frac{|D_{往} - D_{返}|}{D_{平均}} = \frac{1}{\dfrac{D_{平均}}{|D_{往} - D_{返}|}} \quad D_{平} = \frac{(D_{往} + D_{返})}{2}$$

平坦地区：$k \leqslant 1/3000$ 困难地区：$k \leqslant 1/1000$

4. 尺长方程

经过检定的钢尺长度可用尺长方程式：

$$l_t = l_0 + \Delta l + \alpha(t - t_0)l_0$$

式中 l_t——温度为 t 时的钢尺实际长度；

l_0——钢尺的名义长度；

Δl——尺长改正值，即温度在 t_0 时钢尺全长改正数；

α——钢尺膨胀系数，一般取 $\alpha=1.25\times10^{-5}/℃$；

t_0——钢尺检定时的温度；

t——量距时的温度。

【例题】 某钢尺的尺长方程式为 $l_t=30+0.0025+1.2\times10^{-5}\times30\times(t-20)$。该钢尺一尺段量得 AB 两点间的距离为 29.8755m，丈量时的温度为 26.5℃，AB 的两点间高差为 -0.115m。求 AB 两点间的水平距离。

解：$D_{AB}=29.8755+(0.0025/30)\times29.8755+1.2\times10^{-5}\times29.8755\times(26.5-20)+[-(-0.115)2]/(2\times29.8755)=29.8801$m

4.1.2 视距测量

视距测量——利用测量望远镜的视距丝，间接测定距离和高差的方法。见图 4-9。

仪器：经纬仪（或带十字丝的仪器）、视距尺。

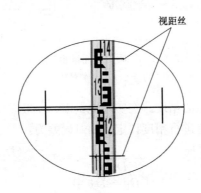

图 4-9 视距丝

优点：测量速度快，不受地形限制。

不足：精度低，距离相对误差一般约为 1/200～1/300；高差一般为分米级。

用途：主要用于地形图测绘（地形点的距离与高差）。见图

4-10。

视线水平时的距离和高差公式：

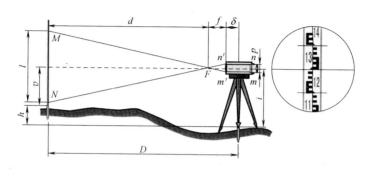

图 4-10　经纬仪的使用

$\dfrac{d}{f}=\dfrac{l}{p}$ 所以 $d=l\cdot\dfrac{f}{p}=kl$

$\Rightarrow D=d+f+\delta=kl+f+\delta$

而 $f+\delta\approx0$；$k=100$

所以 $D\approx100l$

视距公式：

$D=100l$

$l=\mid a-b\mid$　（尺间隔）

高差公式：

$h=i-v$

$H_B=H_A+h=H_A+i-v$

读数要求：上下丝读数 a、b 读至毫米；测高差时中丝 l 读至厘米，仪器高 i 量至厘米。见图 4-11。

视距公式：

$l'=l\cos\alpha$

$L=100l'=100\times l\times\cos\alpha$

则 $D=l\cos\alpha=100l\cos\alpha\times\cos\alpha$

高差公式：

$h=D\tan\alpha+i-v$

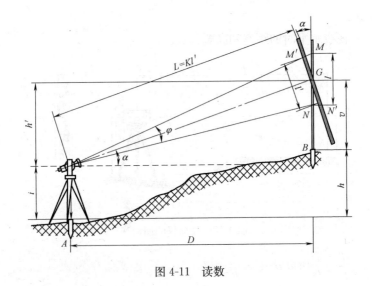

图 4-11 读数

或 $h=\dfrac{1}{2}kl\sin 2\alpha +i-v$

观测：在测站安置经纬仪，对中、整平、量仪器高 i；在测点竖水准尺，瞄准（要求三丝都能读数）。

读数：每个测点读四个读数

上丝读数 a　读至毫米

下丝读数 b　读至毫米

中丝读数 v　读至厘米

竖盘读数　读至分

计算公式：

$$D=l\cos\alpha +100l\cos\alpha \times \cos\alpha$$

$$h=D\tan\alpha +i_{仪}-v_{中}$$

$$H_{p}=H_{A}+h=H_{A}+D\tan\alpha +i-v$$

视距测量通常只测盘左（或盘右），测量前要对竖盘指标差进行检验与校正。

【例题】　在 A 点架设仪器对 B 点进行观测，读得上下丝读数之差为 0.431，竖直角 $-2°42'$，仪器高 1.45m，中丝读数

1.211m，求 AB 间的水平距离和高差。

【解】 $D_{AB}=100\times0.431\times\cos2\times(-2°42')=43.00m$

$h_{AB}=43\times\tan(-2°42')+1.45-1.211=-1.789m$

4.1.3 电磁波测距

电磁波测距是利用电磁波（微波、光波）作为载波，传输测距信号以进行测量两点间距离的方法。

电磁波测距仪的优点：

(1) 测程远、精度高。

(2) 受地形限制少等优点。

(3) 作业快、工作强度低。

电磁波测距的分类：

(1) 按载波分：微波测距仪、光电测距仪。

(2) 按测程分：短程<5km；中程5～30km；远程>30km。

(3) 按精度分为 1 级（<5mm）、2 级（5～10mm）、3（11～20mm）级。

电磁波测距是通过测量电磁波在待测距离 D 上往、返传播的时间 $t2D$，计算待测距离 D。见图 4-12。

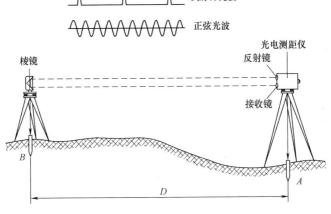

图 4-12 电磁波测距

电磁波测距的原理：

$$D=\frac{1}{2}ct2D$$

式中　c——光波在空气中的传播速度。

4.2　高程测量

高程测量：测量地面上各点高程的工作

高程测量的分类：

（1）水准测量：精密测定高程的主要方法。

（2）三角高程测量。

（3）GPS 水准。

（4）物理高程测量：静力水准、物理高程等。

水准测量的原理（图 4-13）：

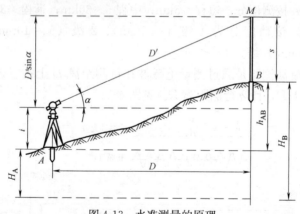

图 4-13　水准测量的原理

高差＝后视读数－前视读数：

$h_{AB}>0$，高差为正，前视点高；

$h_{AB}<0$，高差为负，前视点低。

高差必须带"＋、－"号；

h_{AB} 的下标次序与测量的前进方向关系。

常用水位仪的分类：

（1）水准仪：DS05、DS1。

（2）普通水准仪：DS3、DS10。

注：D—大地测量仪器；S—水准仪。

水准仪的使用：

（1）仪器安置与粗略整平：圆水准器气泡居中。

（2）瞄准。

（3）消除视差。瞄准标尺读数时，若调焦不好，则尺像没有落在十字丝平面上，当眼睛在目镜端上下微微移动时，则产生十字丝影像与水准尺影像有相对移动现象（即眼睛上下晃动，读数也随之变动），这种现象称为视差。它将影响读数的正确性，必须予以消除。

消除方法：目镜调焦、物镜调焦。

（4）精确整平和读数。水准测量的实施首先要具备以下几个条件：一是确定已知水准点的位置及其高程数据；二是确定水准路线的形式即施测方案；三是准备测量仪器和工具，如塔尺、记录表、计算器等。然后，到现场进行测量。

连续水准测量的使用场合：若地面两点相距远时，安置一次仪器就可以直接测定两点的高差。当地面上两点相距较远或高差较大时，安置一次仪器难以测得两点的高差，采用连续水准测量的方法进行因此，必须依下图所示，在 A、B 两点之间增设若干临时立尺点。把 A、B 分成若干测段，逐段测出高差，最后由各段高差求和，得出 A、B 两点间高差。见图 4-14。

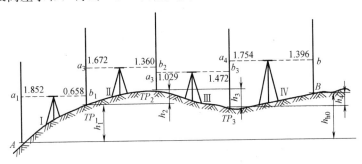

图 4-14　连续水准测量

连续水准测量的记录表格如表 4-1 所示。填表时注意数字的填写位置正确，不能填串行或串格。方法是边测边现场记录，分清点位。

水准测量记录表　　　　　　　　　　　表 4-1

测点	水准尺读数		高差		高程	备注
	后视	前视	"+"	"—"		
A	1.852				156.894	
ZD1	1.672	0.658	1.194		158.088	
ZD2	1.092	1.36	0.312		158.4	A 点的高程为 156.894
ZD3	1.754	1.472		—0.38	158.02	
B		1.396	0.358		158.378	
Σ	6.37	4.886	1.484	—0.38		

4.3 四等水准测量

1. 水准测量

一般用于国家高程控制网加密及建立小区首级高程控制。

布设形式：附合水准路线形式、结点网的形式；闭合水准路线形式；水准支线形式。见图 4-15、图 4-16。

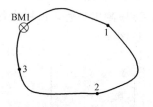

图 4-15 闭合水准路线形式

图 4-16 支水准路线形式

四等水准测量所使用的水准尺均为 3m 长红黑两面的水准尺。其观测方法也相同，即采用中丝测高法，三丝读数。第一测站的观测程序按"后前前后"进行。

四等水准观测程序：

（1）按中丝和视距丝在后视尺黑色面上进行读数。

（2）按中丝和视距丝在前视尺黑色面上进行读数。

（3）按中丝在前视尺红面上读数。

（4）按中丝在后视尺红色面上读数。

2. 四等水准测量的记录与计算

每一测站的观测成果应在观测时直接记录于规定格式的手簿中，不允许记在其他纸张上，再转抄。每一测站观测完毕后，应立即进行计算和检核。各项检核数值都在允许范围时，仪器方可搬站。

（1）视距计算：

前、后视距差不得超过 5m；

前、后视距累积差不得超过 10m。

（2）水准尺红、黑面中丝读数的检核：

同一水准尺红、黑面中丝读数之差，应等于该尺的常数差 K（4.687 或 4.787），四等水准测量不得超过 3mm。

（3）计算红、黑面的高差：不得超过 5mm。

（4）四等水准测量的高差成果取值应精确到 1mm。

4.4 方向测量

地面两点的相对位置，不仅与两点间的距离有关，还与两点连成的直线方向有关。确定直线的方向，称为方向测量。即确定直线和某一参照方向（称标准方向）的关系。

4.4.1 标准方向的分类

标准方向应有明确的定义并在一定区域的第一点上能够唯一确定。在测量中经常采用的标准方向有三种，即真子午线方向、磁子午线方向和坐标纵轴方向。

1. 真子午线方向

过地球上某点及地球的北极和南极的半个大圆为该点的真子午线，通过该点真子午线的切线方向称为该点的真子午线方向，它指出地面上某点的真北和真南方向。真子午线方向用天文测量方法或用陀螺经纬仪来测定。

2. 磁子午线方向

自由悬浮的磁针静止时，磁针北极指的方向是磁子午线方向，又称磁北方向。磁子午线方向可用罗盘仪来测定。

3. 坐标纵轴方向

由于地面上任何两点的真子午线方向和磁子午线方向都不平行，这会给直线方向的计算带来不便。采用坐标纵轴作为标准方向，在同一坐标系中任何点的坐标纵轴方向都是平行的，这给使用上带来极大方便。因此，在平面直角坐标系中，一般采用坐标纵轴作为标准方向，称坐标纵轴方向，又称坐标北方向。

4.4.2 方位角、象限角

直线定向是确定直线和标准方向的关系，这一关系常用方位角或象限角来描述。

1. 方位角

（1）方位角的定义

从标准方向的北端量起，沿着顺时针方向量到直线的水平角称为该直线的方位角。方位角的取值范围为 $0°\sim360°$。

（2）正反方位角

若规定直线一端量得的方位角为正方位角，则直线另一端量得的方位角为反方位角，正反方位角是不相等的。

对于真方位角，其正反方位角的关系为：

$$A_{12}=A_{21}+\gamma\pm180°$$

对于坐标方位角，由于在同一坐标系内坐标纵轴都是平等的，热心正反坐标方位角的关系为：

$$\alpha_{12}=\alpha_{21}\pm180°$$

（3）坐标方位角的传递

测量工作中一般不是直接测定每条边的方位角，而是通过与已知方向的连测，推算出各边的坐标方位角。

坐标方位角的推算公式为：

$$\alpha_{前}=\alpha_{后}+180°-\beta_{(右)}$$

42

$$\alpha_{前} = \alpha_{后} - 180° + \beta_{(右)}$$

用上式推算方位角，当计算结果出现负值时，则加上 360°；当计算结果大于 360°时，则减去 360°

【例题】 已知 $\alpha_{CD} = 78°20'24''$，$\alpha_{JK} = 326°12'30''$。求 α_{DC}，α_{KJ}；

解：$\alpha_{DC} = 258°20'24''$　$\alpha_{KJ} = 146°12'30''$

2. 象限角

直线与标准方向所夹的锐角称为象限角，象限角由标准方向的指北端或指南端开始向东或向西计量，其取值范围为 $0°\sim90°$，以角值加上直线所指的象限的名称来表示，如北东 41°。

4.4.3 真方位角的测量

测量直线的真方位角常用的方法有两种：天文测量法和陀螺经纬仪法。常用的天文测量方法是太阳高度法测量直线的真方位角，它可用普通经纬仪进行观测，易于实现，所以是铁路、公路等工程测量中常用的方法。但这种方法易受到天气、时间和地点等许多条件的限制，观测和计算也比较繁琐。用陀螺经纬仪测量真方位角可避免这些缺点，特别适合用于某些地下工程。下面介绍陀螺经纬仪测量真方位角的方法。

1. 陀螺经纬仪的原理

陀螺经纬仪是由陀螺仪和经纬仪组合而成的一种定向仪器。陀螺是一个高速旋转的转子（陀螺仪上的转子其旋转的角速度方向为水平方向）。当转子高速旋转时，陀螺轴的方向保持不变；另一是进动性，即在外力矩作用下陀螺轴将按一定规律产生进动。因此在转子高速旋转和地球自转的共同作用下，陀螺轴以真北方向为对称轴进行有规律的往复运动，从而可得出测站的真北方向。

2. 用陀螺经纬仪测量真线的真方位角

（1）在直线起点安置经纬仪，对中整平、盘左盘右测量直线的方向值 X_1。

（2）安装陀螺仪，用陀螺经纬仪（或罗盘）进行粗略定向，使视线大致指北。

（3）进行测量前零位检验。

（4）用逆转法进行精密定向，得出陀螺的北方向值 NT。

（5）进行测后零后检验。

（6）再以盘左盘右测量直线的方向值 X_2，在定向的前后两次所得直线方向值之差不超过 $\pm 20°$ 时，最后取直线的平均方向值 $X=(X_1+X_2)/2$。

（7）计算直线的陀螺方位角 AJ，$AJ=X-NT$。

（8）计算直线的真方位角 A，$A=A\gamma+\Delta$。

方位角测量一般应不少于 3 次，最后取其平均值。如果仪器常数 Δ 为未知则应在测前和测后测定仪器常数 Δ。

4.4.4 角度测量

角度是几何测量的基本元素，包括水平角和垂直角。水平角是一点到两目标点的方向线垂直投影在水平面上所构成的角度。垂直角是一点到目标点的视线与水平面的夹角。若视线在水平面之上，垂直角为正，为仰角；否则，垂直角为负，为俯角。垂直角也称竖直角，而视线与铅垂线的夹角称为天顶距。当已知或直接测出真北方向，通过角度测量还可得到方位角。

角度测量的仪器主要是经纬仪，分为光学经纬仪和电子经纬仪两大类。

1. 水平角观测

在测量点上首先将经纬仪中心对准标石中心并用基座脚螺旋使仪器精确水平，即竖轴沿铅垂线方向，这一过程称为"对中"和"整平"。

工程测量中水平角一般采用方向圆法观测，见图 4-17。

测站点 O 周围有待测的方向 A、B、C、D、E、N，

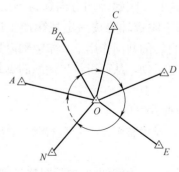

图 4-17　圆法观测

方向法一测回的观测程序如下：

选择其中一个边长适中、成像清晰的方向（如 A）作为起始方向（又称为零方向），并依此调好望远镜焦距，在一测回中不再变动。

（1）在盘左位置照准零方向 A，并按下式整置水平度盘和测微器的位置：

$$M_j = \frac{180^\circ}{m}(j-1) + i'(j-1) + \frac{\omega}{m}\left(j - \frac{1}{2}\right)$$

式中：M_j 为第 j 测回的零方向度盘位置；m 为测回数；i' 为度盘最小分格值；ω 为测微器分格值。

（2）顺时针方向旋转 1～2 周，精确照准零方向 A，并读取水平度盘和测微器读数。

（3）顺时针旋转照准部，依次照准 B、C、D、E、N 并读数，最后回到零方向 A 再照准并读数。

以上操作称为上半测回观测。

（4）纵转望远镜，逆转照准部 1～2 周，从零方向 A 开始，依次逆转照准 N、E、D、C、B，再回到 A 并读数，称为下半测回观测。

其余各测回观测时均按规定变换度盘和测微器位置，操作同上。这就是方向测回观测法的基本程序。由于半测回中要归零，故也称为全圆方向法。当方向不超过 3 个时，按规范要求半测回中不归零。

在工程测量实际应用中，相邻连长有时相差悬殊，很难做到"一测回中不调焦"的规定，这时，可按下列程序进行测角：

（1）盘左，粗略瞄准一个目标；

（2）仔细对光，消除视差；

（3）精确瞄准目标，取水平度盘读数；

（4）不动调焦镜，盘右，精确瞄准目标，取水平度盘数；

（5）对于下一个目标，重复上述操作。

2. 垂直角观测

垂直度盘（竖盘）与望远镜固连在一起转动，横轴通过其中心并与之正交。为获取垂直角，需有一水平位置作参考，当视准轴水平时，竖盘读数（即指标线指向）为90°（盘左）或270°（盘右）。当视准轴低仰时，则垂直角为竖盘读数减90°（盘左）或270°减竖盘读数（盘右）。事实上，当指标水准器气泡居中时，指标线并非水平，这一差值 i 称为竖盘指标差，可以通过盘左、盘右观测求出并消除。设盘左读数为 L，盘右读数为 R，则垂直角、竖盘指标差计算公式为：

$$\left.\begin{array}{c} \alpha=\dfrac{1}{2}(L-R+180°) \\ i=\dfrac{1}{2}(R+L-360°) \end{array}\right\}$$

垂直角观测的具体操作程序为：

（1）盘左，按上、中、下三根水平丝的顺序依次照准同一目标各一次，并分别读竖盘读数；

（2）盘右，同步骤（1）一样地观测；

（3）分别计算三根水平丝所测得的指标差和垂直角，并取垂直角的平均值作为一个目标的一测回的值。

该观测方法称为"三丝法"。若仅用中间的水平丝进行观测，则称为"中丝法"。

4.5 坐标测量

工程测量的主要任务之一是测量或放样空间点的三维坐标通过边、角测量能直接得到空间点的相对或相对三维坐标的技术称为坐标测量技术。所使用的主要仪器有全站仪、GPS 接收机、激光跟踪仪以及激光扫描仪等。在工程测量中坐标测量的主要仪器是全站仪和 GPS，下面只介绍全站仪和 GPS。

4.5.1 全站仪测量

全站仪又称全站仪电子速测仪，是一种兼有电子测距、电子测角、计算和数据自动记录用传输功能的自动化、数字化的三维坐标测量与定位系统。

在传统的地面测量中，为了确定某点的平面坐标或高程，往往分别采用由经纬仪测量角度、光电测距仪测量连长，而高程则用水准仪测定的方法。

全站型电子速测仪是电子测角、电子测距等系统组成，测量结果能自动显示、计算和储存，并能与外围设备自动交换信息的多功能测量仪器，简称全站仪。

1. 全站仪的系统结构

全站仪是集光、机、电于一体的仪器，其中轴系机械结构和望远镜瞄准系统与光学经纬仪相比没有大的差异。而电子系统主要由以下三个单元构成：

（1）电子测距单元，外部称之为测距仪。

（2）电子测角及微处理器单元，外部称之为电子经纬仪。

（3）电子记录单元或称存储单元。

2. 全站仪的分类

全站仪按测距仪测程分类，可以分为以下三类：

（1）短程测距全站仪：测程小于 3km，一般匹配距精度为 $\pm(5mm+5\times10^{-5}\cdot D)$，主要用于普通工程测量和城市测量。

（2）中程测距全站仪：测程为 $3\sim15km$，$\pm(5mm+2\times10^{-6}\cdot D)\sim\pm(2mm+2\times10^{-5}\cdot D)$，一般用于一般等级的控制测量。

（3）长程测距全站仪：测程大于 15km，一般匹配精度为 $\pm(5mm+1\times10^{-6}\cdot D)$，一般用于国家三角网及特级导线的测量。

4.5.2 全球定位系统（GPS）

作为空间三维坐标测量技术的代表，GPS 在工程测量中的应用将替代许多传统的技术与方法。

1. GPS 系统的组成

GPS 系统主要包括空间、地面控制和用户（接收装置）三大部分。

空间部分有 24 颗卫星，均匀分布在倾角为 55°的 6 个近似圆形的轨道上，运行周期为 12h。卫星上装有微处理器、大容量存储器、精确稳定的伽铯原子钟、多波束定向天线和全向遥测天线、太阳能电池板及动力推进系统等。卫星的主要功能是接收和存储由地面控制部分发送的信息，维持精密时间信息并向地面发射调制有多种信息的无线电信号。

地面控制部分由一个主控站、三个注入站和五个监测站组成。监测站是对卫星进行连续跟踪监测，计算每颗卫星每 15min 的平滑数据，每隔 8h 传送注入恒星导航信息和其他控制参数；主控站接收由监测站跟踪的数据，计算并预报卫星的广播星历，校正卫星的轨道，指挥备用卫星代替发生故障的工作卫星；注入站的主要功能是把导航数据注入卫星。

用户部分主要指各种型号的接收机。接收机的主要功能是对接收信号解码，分享出导航电文，进行伪距和载波相位测量等。

2. GPS 作业方式

在工程测量中，一般应用 GPS 单点定位的情形较少，相对定位是其主要模式，包括静态、快速静态、往返式重复设站、准动态、动态、实时动态（简称 RTK）、主动控制模式等。

（1）静态模式

采用两套或两套以上的接收设备，分别安置在一条或数条基线的端点，同步观测 4 颗卫星 1h 左右，或同步观测 5 颗卫星 20min。该模式的基线精度约为 5mm＋1ppm。

（2）快速静态模式

在测区的中部选择一个基准站，并安置一台接收设备，并安置一台接收设备连续跟踪所有可见卫星；另一台接收机依次到各点流动设站，并且在每个流动站上观测 1～2min。该模式要求在观测时段中必须有 5 颗卫星可供观测，同时流动站与基准站相距不超过 15km。该模式的基线精度约为 5mm＋1ppm。

（3）重复设站法

将一台接收机固定在一已知点上，另一台接收机在一系列选定点上分别观测约 5min，而每个点至少要观测两次，两次的观测的时间间隔不少于 1h。在从一个点移动别一个点的过程中，不一定要连续跟踪卫星。两次观测时间间隔不少于 1h。主要是保证卫星分布的几何图形在较大的改变。

（4）准动态模式

在油区选择一基准站，安置一台接收机，连续跟踪所有可见卫星；安置另外一台接收机于起始点，在观测 1～2min；在保持所观测卫星连续跟踪的情况下，流动的接收机依次迁到其他流动点各观测数秒钟。试模式要求在观测时必须有 5 颗卫星可供观测，发生失锁后将观测时间延长 1～2min，同时流动点与基准点相距不超过 15km。该模式的基线精度为 1～2cm。

（5）动态模式

建立一基准站，安置一台接收机，连续跟踪所有可见卫星；另一台接收机安置在流动的载体上，在出发点按静态定位，静止观测 1～2min；运动的接收机从出发点开始，在运动的过程中按预定的时间间隔自动观测。该模式要求同步观测 5 颗卫星，其中至少有 4 颗卫星应保持连续跟踪，同时运动点与基准点相距不超过 15km。该模式的基线精度为 1～2cm。

（6）实时动态模式

在基准站上设置一台接收机，对所有可见卫星进行连续观测，并将其相位观测值及其坐标信号，通过无线电设备实时发送给流动站。流动站上的接收机，在同步接收卫星信号的同时，通过无线电设备接收基准站传输来的观测数据及坐标信息，然后根据相对定位原理，实时得到流动站的三维坐标。其精度可达厘米级。

（7）主动控制模式

在测区内均匀建立三个或三个以上的基准点，精确测定其 WGS-84 坐标；在流动点和基准点上连续观测，求解流动点的坐标。

3. GPS 数据处理

GPS 数据处理主要包括数据粗加工、预处理、平差、坐标转换等。

GPS 数据的粗加工包括数据传输和数据分流，一般同时完成，即将数据从接收机传输到计算机的同时完成数据的分流。数据分流后的数据文件包括观测值文件、星历文件、测站控制信息文件等。

GPS 数据预处理包括卫星轨道方程的标准化、时钟多项拟合、初始整周模糊度的预估和整周跳变的发现与修复、观测值的标准化等。

平差即组成相位观测的误差方程、组成法方程并进行解算等。

最后需将点的 WGS-84 坐标转换到所使用的坐标系中。

4.6 基线测量

建筑基线是建筑场地的施工控制基准线，即在建筑场地布置一条或几条轴线。它适用于建筑设计总平面图布置比较简单的小型建筑场地。

1. 建筑基线的布设形式和布设要求

（1）建筑基线的布设形式应根据建筑物的分布、施工场地地形等因素来确定。常用的面市形式有"一"字形、"L"形、"十"字形和"T"字形。

（2）建筑基线的布设要求：

1）建筑基线应尽可能靠近拟建的主要建筑物，并与其主要轴线平行，以便使用简单的直角坐标法进行建筑物的定位。

2）建筑基线上的基线点应不少于三个，以便相互检核。

3）建筑基线应尽可能与施工现场的建筑红线相联系。

4）基线点位应选在通视良好和不易被破坏的地方，为能长期保存，要埋设永久性的混凝土桩。

2. 建筑基线的测设

（1）建筑基线点初步位置的测定方法及实地标定

1）建筑基线点初步位置的测定方法

在新建筑区，可以利用建筑基线的设计坐标和附近已有建筑场区平面控制点，用极坐标法测设建筑基线。

2）建筑基线点初步位置的实地标定

建筑基线是整个场地的基础控制，无论采用何种方法测定，都必须在实地埋设永久标桩。同时在缺点埋设标桩时，务必使初步点位居桩顶的中部，以便改点时，有较大活动余地。此外在选定主轴点的位置和实地埋标时，应掌握桩顶的高程。一般的标顶高于地面设计高程 0.3m 为宜。

（2）建筑基线点精确位置的确定

1）建筑基线点精确位置的测定

按极坐标法所测定主轴点初步位置，不会正好符合设计位置，因而必须将其联系在测量控制点上，并构成附合导线图形，然后进行测量和平差计算，求得主轴点实测坐标值，并将其与设计坐标进行比较。然后，根据它们的坐标差，将实测点与设计点相对位置展绘在透明纸上，在实地以测量控制点定向，改正到设计位置。

2）建筑基线方向的调整

建筑基线点放到实地上，并非严格在一条直线上，调整的方法，可以在轴线的交点上测定轴线的交角，测角中误差不超过 $\pm 2.5''$。

4.7 导线测量

导线测量是平面控制测量中最常用的方法。

导线测量是在地面上按一定要求选定一系列的点依相邻次序连成折线，并测量各线段的边长和转折角，再根据起始数据确定各点平面位置的测量方法。

4.7.1 导线测量的等级与导线网的布设

（1）导线测量的等级和技术指标

场区导线测量一般分为两级，在面积较大场区，一级导线可作为首级控制，以二级导线加密。在面积较小场区以二级导线一次布设。各级导线网的技术指标符合表 4-2 规定。

各级导线网的技术指标 表 4-2

等级	导线长度 (km)	平均边长 (km)	测角中误差 (″)	测距中误差 (mm)	测距相对中误差	测回数 1″级仪器	测回数 2″级仪器	测回数 6″级仪器	方位角闭合差 (″)	导线全长相对闭合差
三等	14	3	1.8	20	1/150000	6	10	—	$3.6\sqrt{n}$	≤1/55000
四等	9	1.5	2.5	18	1/80000	4	6	—	$5\sqrt{n}$	≤1/35000
一级	4	0.5	5	15	1/30000	—	2	4	$10\sqrt{n}$	≤1/15000
二级	2.4	0.25	8	15	1/14000	—	1	3	$16\sqrt{n}$	≤1/10000
三级	1.2	0.1	12	15	1/7000	—	1	2	$24\sqrt{n}$	≤1/5000

（2）导线网的布设

对于新建和扩建的建筑区，导线应根据总平面图布设，改建区应沿已有道路布网。布设的基本要求如下：

1）根据建筑物本身的重要性和建筑之间的相关性选择导线的线路，各条导线应均匀分布整个场区，每个环形控制面积应尽可能均匀。

2）各条单一导线尽可能布成直伸导线，导线网应构成互相联系的环形。

3）各级导线的总长和边长应符合场区导线测量的有关规定。

4.7.2 导线测量的步骤

1. 选点与标桩埋设

导线点应选在建筑场地外围或设计中的净空地带，所选定之点要便于使用、安全稳定和能长期保存。导线点选定之后，应及时埋设标桩，并绘制点之记。

2. 角度观测及测量限差要求

角度观测一般采用测回法进行，但当方向大于 3 个时采用全圆测回法，各级导线网的测回数及测量限差参照表 4-3 规定。

3. 边长观测用测量限差要求

水平角方向观测法的技术要求   表 4-3

等级	仪器精度等级	光学测微器两次重合读数之差(″)	半测回归零差(″)	一测回内2C互差(″)	同一方向值各测回较差(″)
四等及以上	1″级仪器	1	6	9	6
	2″级仪器	3	8	13	9
一级及以下	2″级仪器	—	12	18	12
	6″级仪器	—	18	—	24

边长测量的方法及限差参照表 4-4 规定。

边长测量的各项要求及限差   表 4-4

等级	仪器测距精度	每边测回数		一测回读数较差(mm)	单程各测回较差(mm)	往返测距较差(mm)
		往	返			
一级	5mm级仪器	2	—	≤5	≤7	≤2($a+b \cdot D$)
二级	10mm级仪器	2	—	≤10	≤15	

4．导线网的起算数据

新建场区的导线网起算数据应选择当地测量控制点。扩建、改建场区、新测导线应附合在已有施工控制网上。若原有施工控制网已被破坏，则应根据当地测量控制网或主要建筑物轴线确定起算数据。

5．导线测量的数据处理

导线平差宜采用严密平差方法。导线网平差前，应对观测数据进行处理和精度评定，各项数据处理内容和方法如下：

导线测量水平距离要求：

① 测量的斜距，须经气象改正和仪器的加、乘常数改正后才进行水平距离计算。

② 两点间的高差测量，宜采用水准测量。当采用电磁波测距三角高程测量时，其高差应进行大气折光改正和地球曲率改正。

4.7.3 闭合导线计算

如图 4-18 所示是实测图根闭合导线示意图，图中各项数据是从外业观测手簿中获得的已知数据：12边的坐标方位角：$\alpha_{12}=125°30'00''$；1点的坐标：$x_1=500.00$，$y_1=500.00$。现结合本例说明闭合导线计算步骤如下：

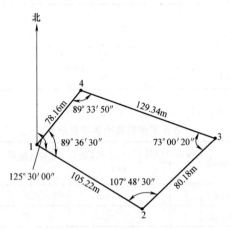

图 4-18　闭合导线示意图

准备工作：填表 4-5，表中填入已知数据和观测数据。

1. 角度闭合差的计算与调整

如上图所示的各角的内角分别依次填入表中的"观测角"那一栏。计算的内角的总和填入最下方。

n 边形闭合导线内角和理论值：$\sum \beta_{理}=(n-2)\times 180°$

（1）角度闭合差的计算：

$$f_\beta = \sum\beta_{测} - \sum\beta_{理} = \sum\beta_{测} - (n-2)\times 180$$

例：$f_\beta = \sum\beta_{测} - \sum\beta_{理} = \sum\beta_{测} - (n-2)\times 180 = 359°59'10'' - 360° = -50'$

准备工作　　　　　　　　　　　　　　　　　　　表 4-5

点号	观测角	数	改正角	坐标方位角	距离	坐标增量 计算值		改正后增量		坐标值	
	°′″		°′″	α	D	Δx	Δy	Δx	Δy	x	y
1											
2	107 48 30	13	107 48 43	125 30 00	105.22	−61.1	85.66	−61.12	85.68	500	500

54

点号	观测角	数	改正角	坐标方位角	距离	坐标增量计算值		改正后增量		坐标值	
	°′″		°′″	α	D	Δx	Δy	Δx	Δy	x	y
3	72 00 20	12	73 00 32	53 18 43	80.18	47.9	64.3	47.88	64.32	438.88	585.68
4	89 33 50	12	89 34 02	306 19 15	129.34	76.61	−104.2	76.58	−104.19	486.76	650
1	89 36 30	13	89 36 43	215 53 17	78.16	−63.32	−45.82	−63.34	−45.81	563.34	545.81
2				125 30 00						500	500
Σ		50			392.9						

（2）角度容许闭合差的计算（公式可查规范）$f_{\beta容} \pm 60'' \sqrt{n}$
（图根导线）若 $f_{测} \leqslant f_{容}$，则角度测量符合要求，否则角度测量不合格首先对计算进行全面检查，若计算没有问题，则应对角度进行重测。见图 4-19

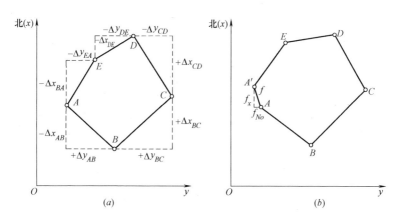

图 4-19　坐标增量闭合差的计算

本例的 $f_{\beta} = -50''$根据上表可知，$f_{\beta容} = \pm 60'' \sqrt{n} = \pm 120''$则 $f_{\beta} < f_{\beta容}$，角度测量符合要求。

（3）角度闭合差 f_{β} 的调整：假定调整前提是假定所有角的

观测误差是相等的，角度改正数：$\Delta\beta=-\dfrac{f_\beta}{n}$（$n$—测角个数）。

角度改正数计算，按角度闭合差反号平均分配，余数分给短边构成的角。其检核公式为：$\sum\Delta\beta=-f_\beta$

改正后的角度值检核：$\beta_{该}=\beta_{测}+\Delta\beta_i$，$\sum\beta_{理}=(n-2)\times180$。

2. 推算导线各边的坐标方位角

推算导线各边坐标方位角公式：根据已知边坐标方位角和改正后的角值推算，式中，α 前、α 后表示导线前进方向的前一条边的坐标方位角和与之相连的后一条边的坐标方位角。β 左为前后两条边所夹的左角，β 右为前后两条边所夹的右角，据此，由第一式求得：

$$\alpha_{23}=\alpha_{12}-180°+\beta_2=125°30'00''-180°+107°48'43''=53°18'43''$$

$$\alpha_{34}=\alpha_{23}-180°+73°00'32''+360°=306°19'15''$$

$$\alpha_{41}=\alpha_{34}-180°+89°34'02''=215°53'17''$$

$$\alpha'_{12}=\alpha_{41}-180°+89°36'43''=125°30'00''=\alpha_{12}$$

填入表 4-5 中相应的列中。

3. 计算导线各边的坐标增量 ΔX、ΔY

计算导线各边的坐标增量 ΔX、ΔY：

$$\Delta X_i=D_i\cos\alpha_i\qquad\Delta Y_i=D_i\sin\alpha_i$$

已知：$\Delta X_{12}=D_{12}\cos\alpha_{12}\qquad\Delta Y_{12}=D_{12}\sin\alpha_{12}$ 坐标增量的符号取决于 12 边的坐标方位角的大小。

4. 坐标增量闭合差的计算见表 4-5，根据闭合导线本身的特点：理论上 $\sum\Delta x_{理}=0$，$\sum\Delta y_{理}=0$；坐标增量闭合差 $f_x=\sum\Delta x_{测}-\sum\Delta x_{理}$，$f_y=\sum\Delta y_{测}-\sum\Delta x_{理}$；实际上：$f_x=\sum\Delta x_{测}$，$f_y=\sum\Delta y_{测}$ 坐标增量闭合差可以认为是由导线边长测量误差引起的。

5. 导线边长精度的评定

由于 f_x、f_y 的存在，使导线不能闭合，产生了导线全长闭合差 $11'$，即 f_D：$f_D=\sqrt{f_x^2+f_y^2}$

导线全长相对闭合差：$K = \dfrac{f_D}{\sum D} = \dfrac{1}{\dfrac{\sum D}{f_D}}$

限差：用 K 容表示，当 $K \leqslant K_容$ 时，导线边长丈量符合要求。

6. 坐标增量闭合差的调整

调整：将坐标增量闭合差按边长成正比例反号进行调整。

坐标增量改正数：$v_{xi} = \dfrac{f_x}{\sum D} \times D_i$，$v_{yi} = \dfrac{f_y}{\sum D} \times D_i$

检核条件：$\sum v_x = -f_x$，$\sum v_y = -f_y$，1-2 边增量改正数计算如下：

$f_x = +0.09；f_y = -0.07；\sum D = 392.9\text{m}；D_{12} = 105.22\text{m}$

$$v_{x12} = -\frac{0.09}{392.9} \times 105.22 = -0.024 = -0.02\text{m}$$

$$v_{y12} = -\frac{-0.07}{392.9} \times 105.22 = 0.09\text{m} = +0.02\text{m}$$

填入表 4-5 中的相应位置。

7. 计算改正后的坐标增量

$\Delta x_{i改} = \Delta x_i + v_{xi}$，$\Delta y_{i改} = \Delta y_i + v_{yi}$

检核条件：$\sum \Delta x = 0$，$\sum \Delta y = 0$

8. 计算各导线点的坐标值

依次计算各导线点坐标，最后推算出的终点 1 的坐标，应和 1 点已知坐标相同。

第5章 施工放样、建筑施工测量及总平面图绘制

5.1 施工放样

5.1.1 名词解释

施工放样是指把设计图纸上工程建筑物的平面位置和高程，用一定的测量仪器和方法测设到实地上去的测量工作称为施工放样，也称施工放线。见图 5-1。

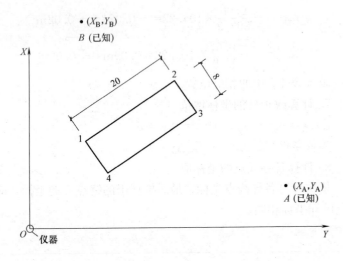

图 5-1 施工放样

5.1.2 主要目的

把地形图上设计好的建筑物、构筑物的平面位置和高程在地面上标定出来，作为施工的依据。

5.1.3 放样特色

（1）施工放样贯穿于施工的全过程。

（2）施工现场多为立体交叉作业，对施工放样带来很大影响。

5.1.4 放样方法

1. 角度放样（测设已知水平角）

角度放样是指已知水平角的顶点、角的一边和角值，要求在实地标定出这个角，可得到角的另一边（即得到了一方向），使用到的仪器有经纬仪或全站仪。见图 5-2。

（1）在 A 点整平经纬仪，照准 B 点归零。

（2）水平转动望远镜，转动放样之角度值 θ，并固定。

（3）垂直转动望远镜，指挥助手持测针移至十字丝中心，钉立 C 点。

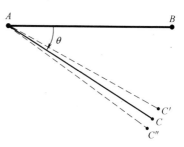

图 5-2　以经纬仪测设水平角度

（4）以相同方法，用倒镜钉立 C 点。

（5）C 与 C 之中点 C，即为正确的 θ 方向。

（6）正倒镜各观测一次，取平均点，可以消除仪器误差。

2. 距离放样（测设已知水平距离）

距离放样式指将设计距离测设在上述已测设的方向上。根据已知的水平距离的起点、方向和距离值，在实地确定出距离的终点，使用到的仪器有钢尺测设和测距仪或全站仪。见图 5-3。

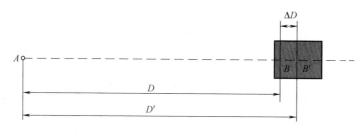

图 5-3　已知距离放样

59

如图 5-3 所示，A 为已知点，欲在 AC 方向上定一点 B，使 A、B 间的水平距离等于 D。具体放样方法如下：

（1）在已知点 A 安置全站仪，照准 AC 方向，沿 AC 方向在 B 点的大致位置放置棱镜，测定水平距离，根据测得的水平距离与已知水平距离 D 的差值沿 AC 方向移动棱镜，至测得的水平距离与已知水平距离 D 很接近或相等时钉设标桩（若精度要求不高，此时钉设的标桩位置即可作为 B 点）。

（2）由仪器指挥在桩顶画出 AC 方向线，并在桩顶中心位置画垂直于 AC 方向的短线，交点为 B'。在 B' 置棱镜，测定 A、B' 间的水平距离 D'。

（3）计算差值 $\Delta D = D - D'$，根据 ΔD 用钢卷尺在桩顶修正点位。

3. 高程放样（测设已知标高）

高程放样是指根据给定点位的设计高程利用附近的水准点，在点位上标定出设计高程的位置，使用到的仪器有水准仪、全站仪。

高程位置的标定措施可根据工程要求及现场条件确定，土石方工程一般用木桩固定放样高程位置，可在木桩侧面划水平线或标定在桩顶上，混凝土及砌筑工程一般用红漆做记号标定在他们的面壁或模板上。

高程放样时，首先需要在测区内按必要精度布设一定密度的水准点作为放样的起算点，然后根据设计高程在实地标定出放样点的高程位置。见图 5-4。

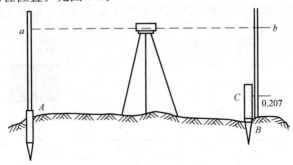

图 5-4　高程放样

4. 坐标放样

定位放样是指根据图纸上的坐标利用仪器，将坐标测设到实地上去的方法，使用到的仪器有经纬仪、全站仪。见图5-5。

仪器安置于控制点 A，以 B 点定向。一人持反光棱镜立在待测设点附近，用望远镜照准棱镜。

使仪器置于测设模式，然后输入控制点和测设点坐标。

按坐标测设功能键，全站仪显示出棱镜位置与测设点的坐标差。

根据坐标差值，移动棱镜位置，直到坐标差值等于零时，棱镜位置即为测设点位。

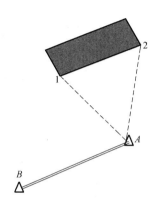

图 5-5 全站仪坐标测设法

5.2 建筑施工场地控制测量

5.2.1 建筑施工测量的原则

先在施工建筑场地建立统一的平面高程控制网，再在此基础上，测设出各个建筑物。

5.2.2 施工控制网分类

为施工场地建立施工专用控制网，分平面控制网和高程控制网。

施工平面控制网：施工平面控制网可以布设成三角网、导线网、建筑方格网和建筑基线四种形式。

高程控制网：施工高程控制网采用水准网。

5.2.3 施工控制网的特点

与测图控制网相比，施工控制网具有控制范围小、控制点密度大、精度要求高及使用频繁等特点。

5.2.4 平面控制网的建立施工

施工平面控制网的布设形式：

（1）建筑基线——地势平坦的小型建筑场地。

1）建筑基线的布设形式有"一"字形、"L"形、"T"形、"十"字形。见图5-6。

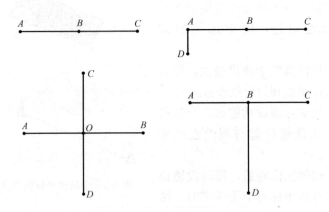

图5-6 建筑基线的布设形式

2）建筑基线的布设要求：主轴线方向应与主要建筑物的轴线平行，主轴点不应少于3个。

3）建筑基线的测设方法：

① 根据建筑红线、已有建筑物、道路中心线测设。由城市测绘部门测定的建筑用地界定基准线，称为建筑红线。见图5-7。

② 根据附近已有控制点测设建筑基线。在新建筑区，可以利用建筑基线的设计坐标和附近已有控制点的坐标，用极坐标法测设建筑基线。见图5-8、图5-9。

测设的基线点往往不在同一直线上，且点与点之间的距离与设计值也不完全相符，因此，需要精确测出已测设直线的折角 β' 和距离 D'，并与设计值相比较。

$$\delta = \frac{ab}{a+b} \times \frac{\Delta\beta}{2\rho}$$

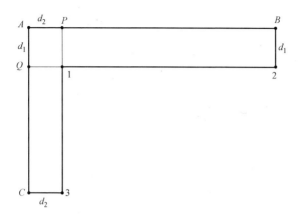

图 5-7 建筑红线测设建筑基线

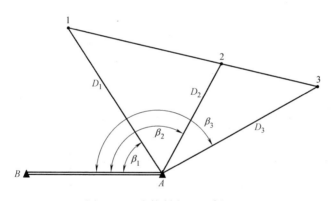

图 5-8 已有控制点测设建筑基线

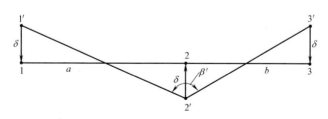

图 5-9 已有控制点测设建筑基线

式中　δ——各点的调整值（m）；

　　a、b——分别为 12、23 的长度。

　　如果测设距离超限 $\Delta D'/D = D' - D/D > 1/10000$ 则以 $2'$ 点为准，按设计长度沿基线方向调整 $1'$、$3'$ 点。如果 $\Delta\beta = \beta' - 180°$ 超过 $\pm 15''$，则应对点 1'2'3' 在与基线垂直的方向上进行等量调整。

　　（2）建筑方格网——地势平坦、建筑物分布较规则的场地。由正方形或矩形组成的施工平面控制网，称为建筑方格网，或称矩形网。建筑方格网适用于按矩形布置的建筑群或大型建筑场地。见图 5-10。

　　1）按建筑基线测设的方法，先确定主轴线。

　　2）拨角 90°，加密形成方格网。

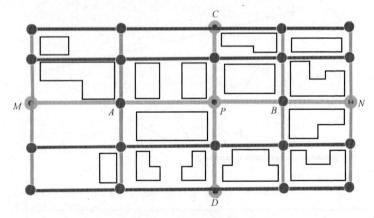

图 5-10　建筑方格网

5.2.5　施工高程控制网的建立

　　施工高程控制网采用水准网。

　　（1）高程控制网的布设形式。原则：由高级到低级、从整体到局部，逐级控制、逐级加密。分一二三四等。见图 5-11。

　　（2）高程控制网的布设要求：

　　1）建筑场地较大时，一般将高程控制网分两级布设，可分

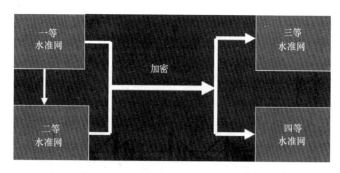

图 5-11　高程控制网的布设形式

为：首级网和加密网。

2）其相应水准点为基本水准点和施工水准点。

① 基本水准点：一般建筑场地埋设 2～3 个，按三、四等水准测量要求，将其布设成闭合水准路线，其位置应设在不受施工影响之处。

② 施工水准点：靠近建筑物，可用来直接测设建筑物的高程。通常设在建筑方格网桩点上。

3）首级网一般采用三、四等水准测量方法。

5.3　民用建筑施工测量

5.3.1　施工测量前的准备

（1）熟悉设计图纸

现场踏勘：了解建筑施工现场上地物，地貌以及原有控制测量点的分布情况，应进行现场踏勘，并对建筑施工现场上的平面控制点和水准点进行检核，以便获得正确的测量数据，然后根据实际情况考虑测设方法。现场踏勘是指招标人组织投标人对项目的实施现场的经济、地理、地质、气候等客观条件和环境进行的现场调查。见图 5-12。

（2）制定测设方案

1）与测设有关的图纸

图 5-12 现场勘查

① 总平面图：是表明新建房屋所在基础有关范围内的总体布置，他反映新建、拟建、原有和拆除的房屋、构筑物等的位置和朝向，室外场地、道路、绿化等的布置，地形、地貌、标高等以及原有环境的关系和邻界情况等。见图 5-13。

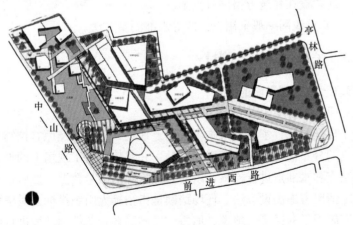

图 5-13 总平面图

② 建筑平面图：是建筑施工图的基本样图，它是假想用一水平的剖切面沿门窗洞位置将房屋剖切后，对剖切面以下部分所

作的水平投影图。它反映出房屋的平面形状、大小和布置；墙、柱的位置、尺寸和材料；门窗的类型和位置等。见图 5-14。

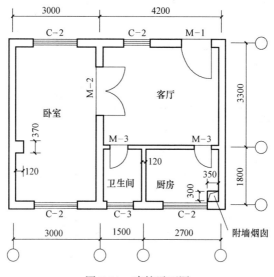

图 5-14　建筑平面图

③ 基础平面图：基础是在建筑物地面以下承受房屋全部荷载的构件。常用的形式有条形基础和单独基础。基础平面图是假想用一个水平面沿房屋的地面与基础之间把整幢房屋剖开后，移开上层的房屋和泥土（基坑没有填土之前）所做出的基础水平投影。见图 5-15。

④ 基础详图：凡在基础平面布置图中或文字说明中都无法交待或交待不清的基础结构构造，都用详细的局部大样图来表示，就属于基础详图。见图 5-16。

⑤ 立面图和剖面图。在与房屋立面平行的投影面上所做房屋的正投影图，称为建筑立面图，简称立面图。见图 5-17。

剖面图是假想用一个剖切平面将物体剖开，移去介于观察者和剖切平面之间的部分，对于剩余剖面图的部分向投影面所做的正投影图。

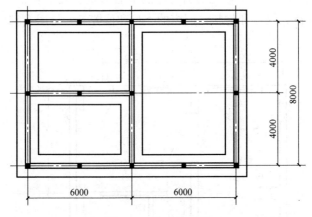

图 5-15 基础平面图

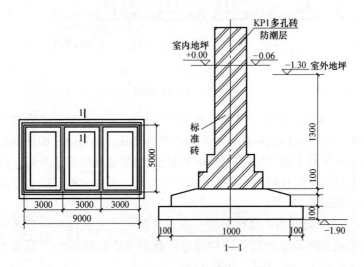

图 5-16 基础详图

　　2）在熟悉设计图纸，掌握施工计划和施工进度的基础上，结合现场条件和世界情况，在满足工程测量规范的建筑物施工放样的主要技术要求的前提下，拟定测设方案，测设方案包括测设方法、测设步骤、采用的仪器工具、精度要求、时间安排等。

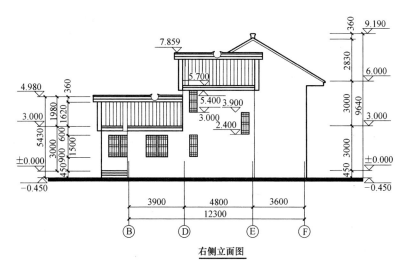

图 5-17 立面图、剖面图

在每次现场测设之前，应根据设计图纸和测设控制点的分布情况，准备好相应的测设数据并对数据进行检核，需要时还可绘出测设略图，把测设数据标注在略图上，使现场测设时更方便、快捷，并减少出错的可能。

5.3.2 建筑物的定位和放线

（1）建筑物的放线

建筑物的定位就是在地面上确定建筑物的位置。即根据设计条件，将建筑物外廓的各轴线交点测设到地面上。

（2）施工放线

建筑物的放线是指根据定位的主轴线桩，详细测设其他各轴线交点的位置，并用木桩（桩上钉小钉）标定出来，称为中心桩。并据此按基础宽和放坡宽用白灰线撒出基槽边界线。

放线的基本工作：

① 在轴线延长线上打木桩，称为轴线控制桩（又称引桩），见图 5-18。

引桩一般钉设在基础开挖范围以外 2～4m、不受施工干扰、

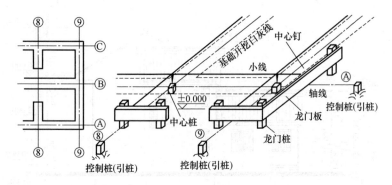

图 5-18　引桩

便于引测和保存桩位的地方。如图 5-18 所示。也可以将轴线投测到周围建筑物上，做好标志，代替引桩。

②在建筑物外侧设置龙门桩和龙门板。见图 5-19。

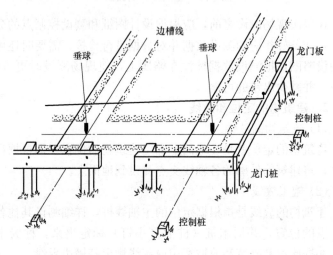

图 5-19　龙门桩

龙门板也是在基础开挖范围以外钉设龙门桩，桩上钉板即龙门板。要求钉设牢固、龙门板的方向与轴线平行或垂直、龙门板的上表面平整且其标高为±0.000m。优点是使用方便，可以控制±0.000m 以下各层标高和基槽宽、基础宽、墙身宽等具体位置。但它占用施工场地、影响交通、对施工干扰很大，一经碰动，必须及时校核纠正，且需要木材较多、钉设也比较麻烦，现已少用。

③ 确定开挖边界线。根据基础宽和放坡宽（依据挖深与土质现场确定），用石灰撒出基础开挖边界线。见图 5-20。

图 5-20　开挖边界线

④ 控制开挖深度。不得超挖，当基槽挖到离槽底 0.3～0.5m 时，用高程放样的方法在槽壁上钉水平控制桩。见图 5-21。

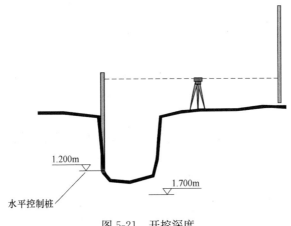

图 5-21　开挖深度

5.3.3 建筑物基础施工测量

（1）基础的开挖深度的控制

槽底设计标高为－1.800m，欲测设比槽底设计标高高0.500m的水平桩，可在地面适当位置安置水准仪，在地面高程控制点（设其标高为±0.000m）上立水准尺，读取后视读数 a 假定为0.885m，可在槽内壁一侧上下移动前视水准尺，直至前视读数为 b 应＝0.885＋1.800－0.500＝2.185m时，就可由尺子底面在槽壁上钉一小木桩，即为要测设的水平桩。见图5-22。

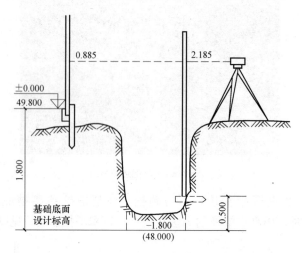

图 5-22 土方开挖

（2）基槽底口和垫层轴线投测

待垫层施工完毕后，通过轴线控制桩将轴线引测到垫层上，并用墨线弹出墙体或梁、柱轴线以及基础边线，作为基础施工的依据，如为基础大开挖，则首先用上述方法将一条或几条主要轴线引测到垫层上，再用经纬仪和钢尺详细测设其他所有轴线的位置。

（3）基础标高的控制

基础皮数杆是一根木制的杆子，在杆上事先按照设计尺寸，将砖、灰缝厚度画出线条，并标明±0.000m和防潮层的标高位置。立皮数杆时，先在立杆处打一木桩，用水准仪在木桩侧面定出一条高于垫层某一数值（如 100mm）的水平线，然后将皮数杆上标高相同的一条线与木桩上的水平线对齐，并用大铁钉把皮数杆与木桩钉在一起，作为基础墙的标高依据。见图 5-23。

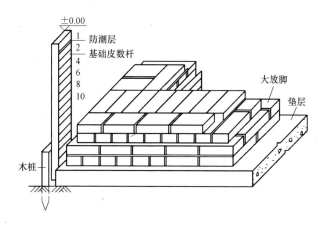

图 5-23 标高控制

5.3.4 墙体施工测量

（1）一层楼房墙体施工测量

检查外墙轴线交角是否等于 90°。符合要求后，把墙轴线延伸到基础墙的侧面上画出标志。注意：同时要把门窗和其他洞口的边线也在基础外侧面墙面上做出标志。基础墙砌筑到防潮层后，弹出墙中线和墙边线。见图 5-24。

（2）墙体标高测设

皮数杆是根据建筑物剖面图画有每皮砖和灰缝的厚度，并注明墙体上窗台、门窗洞口、过梁、圈梁、楼板等构件标高的专用木杆，墙体砌筑到一定高度（1.5m 左右），应在内外墙面上测设出＋0.5m 标高的水平墨线，称为＋50 线。墙体各部位标高常用墙身皮数杆来控制。墙身皮数杆一般立在建筑物的拐角和内墙处。见图 5-25。

外墙的＋50 线作为向上传递各楼层标高的依据。

内墙的＋50 线作为室内地面及室内装修的依据。

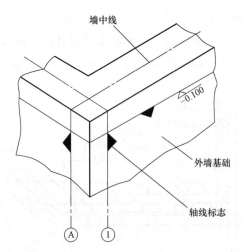

图 5-24 墙体放线

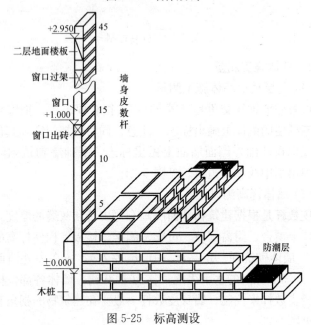

图 5-25 标高测设

（3）二层以上楼房墙体施工

1）墙体轴线投测

① 将较重的锤球悬挂在楼面的边缘，使锤球尖对准地面上的轴线标志，或者使垂线下部分沿垂直墙面方向与底层墙面上的轴线标志对齐，吊锤线上部在楼面边缘的位置就是墙体轴线的位置，画一条短线作为标志，便在楼面上得到轴线的一个端点，同法测另一端点，两端点的连线即为墙体轴线。

② 弹出墨线后，再用钢尺检查轴线间的距离，其相对误差不得大于 1/3000，符合要求后，再以这些主轴线为依据，用钢尺内分法测设其他细部轴线。在困难的情况下至少要测设两条垂直相交的主轴线，检查交角合格后，用经纬仪和钢尺测设其他主轴线，再根据主轴线测设细部轴线。

2）墙体标高传递

① 利用皮数杆传递标高

一层楼房墙体砌完并建好楼面后，把皮数杆移到二层继续使用，在二楼立杆处取平均地面标高并绘出标高线，将皮数杆的正负 0.000 线与该线对齐，然后以皮数杆为标高的依据进行墙体砌筑。见图 5-26。

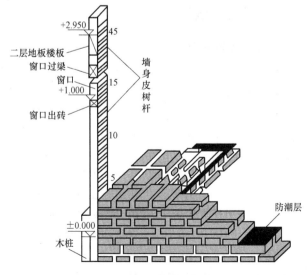

图 5-26　皮数杆

② 利用钢尺传递标高

用钢尺从底层的＋50标高线起往上直接丈量，把标高传递到第二层，然后根据传递上来的高程测设第二层的地面标高线，以此为依据立皮数杆，在墙体砌到一定高度后用水准仪测设该层的＋50标高线，再往上一层的标高可以此为准用钢尺传递。见图5-27。

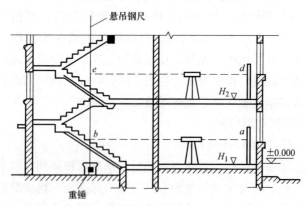

图 5-27　吊钢尺法传递高程

5.4　高层建筑施工测量

5.4.1　高层建筑定位测量

（1）测设施工方格网：在总平面布置图上进行设计，是测设在基坑开挖范围以外一定距离，平行于建筑物主要轴线方向的矩形控制网。见图5-28。

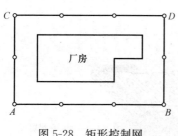

图 5-28　矩形控制网

（2）测设主轴线控制桩：在施工方格网的四边上，根据建筑物主要轴线与方格网的间距，测设主要轴线的控制桩；除了四廓的轴线外，建筑物的中轴线等重要轴线也应在施工方格网边线上测设出来，与四廓的轴线一起称为施工控制网中的控制线。见图5-29。

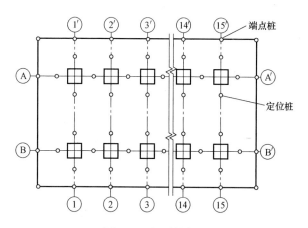

图 5-29 矩形控制网

5.4.2 高层建筑基础施工测量

（1）轴线测设，设置轴线控制桩。引桩一般钉在基槽开挖边线 2～4m 的地方，在多层建筑施工中，为便于向上投点，应在较远的地方测定，如附近有固定建筑物，最好把轴线投测在建筑物上。引桩是房屋轴线的控制桩，在一般小型建筑物放线中，引桩多根据轴线桩测设。在大型建筑物放线时，为了保证引桩的精度，一般都先测引桩，再根据引桩测设轴线桩。见图 5-30。

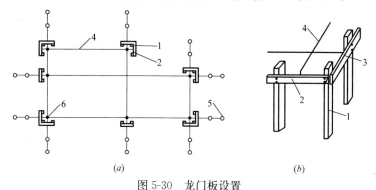

(a)   (b)

图 5-30 龙门板设置

（a）龙门板平面布置；（b）转角处龙门板

1—龙门桩；2—龙门板；3—轴线钉；4—线绳；5—引桩；6—轴线桩

（2）桩位测设。

（3）基坑位置测设。放样好中心桩后，详细测设其他各轴线的交点用木桩标示出来，根据它按基础宽和放坡宽用白灰线撒出基槽边界线。

（4）基坑抄平，底板垫层放样。为了控制基槽开挖深度，当基槽开挖接近槽底时，在基槽壁上自拐角开始，每隔 3～5m 测设一根比槽底设计高程提高 0.3～0.5m 的水平桩，作为挖槽深度、修平槽底和打基础垫层的依据。水平桩一般用水准仪根据施工现场已测设的±0 标志或龙门板顶面高程来测设的。

垫层面标高的测设是以槽壁水平桩为依据在槽壁弹线，或在槽底打入小木桩进行控制。如果垫层需支架模板可以直接在模板上弹出标高控制线。见图 5-31。

图 5-31　基坑抄平

（5）地下建筑轴线放样。

（6）至±0 基础施工结束。

5.4.3　高层建筑的轴线投测

（1）外控法（经纬仪投测法）

1）开始，架设仪器于留孔处，激光底视点直射下下层的十字交叉预留点，楼的另一方有预留洞，用大线坠钓上来个方向，锁定仪器投点弹线，转角 90°投点弹线。见图 5-32～图 5-34。

图 5-32　经纬仪架设

2）下一步沿着直线量出借线交点，挨个架设仪器转角弹控制线，为什么不两侧排尺，因为障碍物多，而且建筑物凹凸部分多，不能通尺。见图 5-35、图 5-36。

3）控制线做好后先把大墙线弹出来，最后在分口，封柱头，然后反复检查，标高看红铅油上皮。见图 5-37、图 5-38。

（2）吊垂线法

投点高度＞5m 时，偏差≤3mm。受风力影响大，为了减少风力的影响，应将垂线的位置放在建筑物内部。见图 5-39。

（3）垂准仪法

天顶准直法（激光铅垂仪法）——自下向上投测。

要求：投测点距轴线 0.5～0.8m 为宜，且在每层投测点处要预留洞（0.3m×0.3m）。见图 5-40、图 5-41。

图 5-33　仪器于留孔处

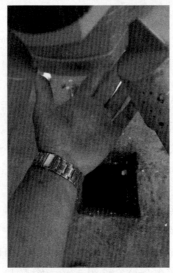

图 5-34　仪器红外线

图 5-35　楼层弹线（一）

图 5-36　楼层弹线（二）

图 5-37 弹控制线

图 5-38 涂红油漆

5.4.4 高层建筑的高程传递

（1）利用钢尺直接测量。将±0.00m 的高程传递，一般用钢尺沿结构外墙、边柱和楼梯间向上竖直量取。用这种方法传递高程时，一般至少由三处底层标高点向上传递后，再用水准仪进行检核同一层的几个标高点，其误差应≤±3mm。

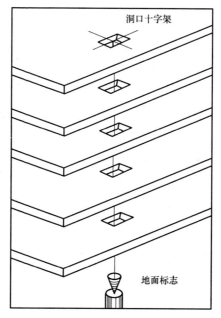

图 5-39 吊线锤法

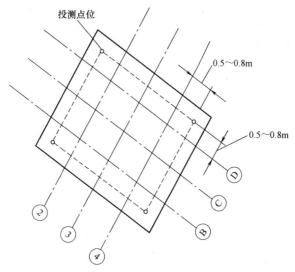

图 5-40 垂准仪法（一）

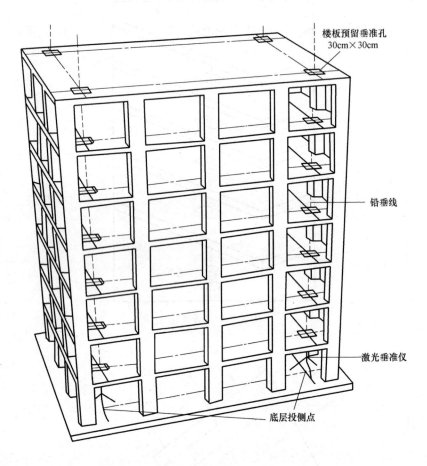

楼板预留垂准孔
30cm×30cm

铅垂线

激光垂准仪

底层投侧点

图 5-41　垂准仪法（二）

（2）利用皮数杆传递高程。

（3）悬挂钢尺法。用钢尺从底层的＋50 标高线起往上直接丈量，把标高传递到第二层，然后根据传递上来的高程测设第二层的地面标高线，以此为依据立皮数杆，在墙体砌到一定高度后用水准仪测设该层的＋50 标高线，再往上一层的标高可以此为准用钢尺传递。见图 5-42。

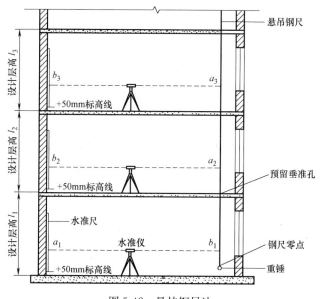

图 5-42 悬挂钢尺法

5.5 工业建筑施工测量

5.5.1 工业厂房控制网的测设

厂区已有的控制点的密度和精度往往不能满足厂房施工放样的要求，因此，对于每幢厂房还应建立独立的厂房控制网，作为厂房施工测量的基本控制。厂房控制网大多为矩形状，故又称厂房矩形控制网。

对于中、小型厂房，可建立单一厂区矩形控制网，如图 5-43 中，A、B、C、D 为矩形控制网的角点，测设方法是：首先根据厂区已有的控制点定出长边上的 A、B 两点，然后以 AB 边为基线再测设 C、D 两点，最后在 C、D 处安置仪器，检查角度，并丈量 CD 进行边长检查。

为了以后进一步测设，在测设矩形控制网时，沿控制网各边每隔几个柱子间距应设置距离指示桩，距离指示桩的间距一般为柱距的整数倍（但以不超过使用尺长为限）。

对于大型工业厂房，首先根据厂区已有的控制点定出矩形控制网的主轴线 AOB 与 COD，然后根据主轴线测设矩形控制网，如图 5-44 所示。主轴线端点应布置在开挖范围以外，并埋 $1\sim 2$ 个辅助点桩。

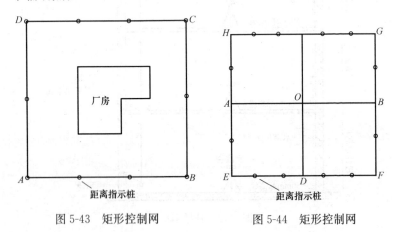

图 5-43　矩形控制网　　　　图 5-44　矩形控制网

测设方法是：先测设长轴 AOB，然后以长轴为基线测设 COD，并进行方向改正，使两条主轴线严格垂直，误差 $3\sim 5\mathrm{mm}$。以 O 点为起点，精密量距法确定主轴线端点 A、B、C、D 的位置，量距精度不低于 1/30000。然后测设矩形控制网其他各点，在 A、B、C、D 分别安置经纬仪，都以 O 点为后视点，测设直角，交会出 E、F、G、H 角点，最后再精密丈量 AH、AE、BG、BF、CH、CG、DE、DF，精度要求与主轴线相同，若量得角点位置与角度交会定点位置不一致，则应调整。

5.5.2　厂房柱列轴线与柱基施工测量

单层工业厂房主要是由柱子、吊车梁、吊车轨道、屋架等安装而成。从安装施工过程来看，柱子的安装最为关键，它的平面、标高、垂直度的准确性，将影响其他构件的安装精度。

（1）厂房柱列轴线测设步骤（图 5-45）

根据厂房平面图上所注的柱间距和跨距尺寸，用钢尺沿矩形控制网各边量出各柱列轴线控制桩的位置，如图 5-45 中的 1′、

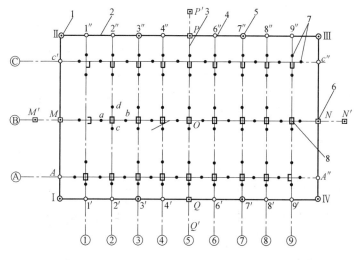

图 5-45　厂房柱列轴线测设

1—矩形控制网控制桩；2—矩形控制网四边；3—主轴线；4—柱列轴线控制桩；
5—距离指标桩；6—主轴线桩；7—柱基中心线桩；8—柱基

2′…，并打入大木桩，桩顶用小钉标出点位，作为柱基测设和施工安装的依据。丈量时应以相邻的两个距离指标桩为起点分别进行，以便检核。柱基定位和放线步骤如下。

① 安置两台经纬仪，在两条互相垂直的柱列轴线控制桩上，沿轴线方向交会出各柱基的位置（即柱列轴线的交点），此项工作称为柱基定位。

② 在柱基的四周轴线上，打入四个定位小木桩 a、b、c、d，如图 5-45 所示，其桩位应在基础开挖边线以外，比基础深度大 1.5 倍的地方，作为修坑和立模的依据。

（2）柱基施工测量

1）控制基坑开挖深度

当基坑快要挖到设计标高时，应在坑壁四周离坑底设计标高 0.5m 处设置水平桩，作为检查坑底标高与控制垫层高度的依据。

2）杯形基础立模测量

基础垫层打好后，根据柱列轴线桩将柱子轴线投到垫层上，弹出墨线（图 5-46a 中 PQ、RS），然后用角尺定出角点 1、2、3、4，供柱基立模和布置钢筋用。立模板时，将模板底的定位线对准垫层上的定位线，从柱基定位桩拉线吊垂球检查模板是否垂直，最后用水准仪将杯口和杯底的设计标高引测到模板的内壁上。图 5-46（b）为杯形基础的剖面图。

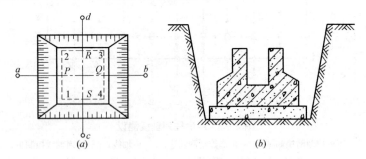

图 5-46　杯形基础

5.5.3　厂房预制构件安装测量

（1）柱子安装测量

1）对柱子安装的精度要求。柱子中心线应与相应的柱列轴线保持一致，其允许偏差为 ±5mm。牛腿顶面及柱顶面的实际标高应与设计标高一致，其允许误差为 ±（5～8mm），柱高大于 5m 时为 ±8mm。柱身垂直允许误差：当柱高 ≤5m 时为 ±5mm；当柱高 5～10m 时，为 ±10mm；当柱高超过 10m 时，则为柱高的 1/1000，但不得大于 20mm。

2）柱子安装前的准备工作有以下几项：

① 在柱基顶面投测柱列轴线。在杯形基础拆模以后，由柱列轴线控制桩用经纬仪把柱列轴线投测在杯口顶面上，并弹出墨线，用红漆画上"▶"标志，作为吊装柱子时确定轴线方向的依据。

② 在杯口内壁，用水准仪测设一条标高线，并用"▼"表

示。该标高线可设为－0.600m（一般杯口顶面的标高为－0.500m）。见图5-47。

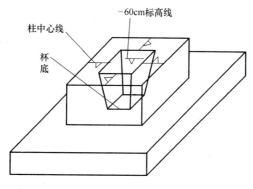

图5-47 柱子测量

③柱身弹线。将每根柱子按轴线位置进行编号。在每根柱子的三个侧面弹出柱中心线，并在每条线的上端和下端近杯口处画出"▶"标志，如图所示。根据牛腿面的设计标高，从牛腿面向下用钢尺量出－0.600m的标高线，并画出"▼"标志。

④柱长检查与杯底找平。先量出柱子的－0.600m标高线至柱底面的长度，再在相应的柱基杯口内，量出－0.600m标高线至杯底的高度，并进行比较，以确定杯底找平厚度，用水泥沙浆根据找平厚度，在杯底进行找平，使牛腿面符合设计高程。见图5-48。

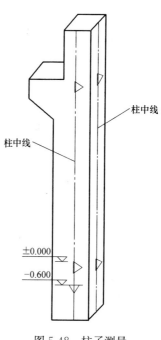

图5-48 柱子测量

3）柱子的安装测量。柱子吊装测量的目的是保证柱子平面和高程位置符合设计要求，柱身垂直。

① 预制的钢筋混凝土柱子起吊插入杯口后，应使柱子三面的中心线与杯口中心线对齐，用木楔或钢楔临时固定。

② 柱子立稳后，立即用水准仪检测柱身上的±0.000m 标高线，其容许误差为±3mm。

③ 用两台经纬仪，分别安置在柱基纵、横轴线上，与柱子的距离不小于柱高的 1.5 倍，先用望远镜瞄准柱底中心线标志，固定照准部后，再缓慢抬高望远镜观察柱子偏离十字丝竖丝的方向，指挥用钢丝绳拉直柱子，直至从两台经纬仪中观测到的柱子中心线都与十字丝竖丝重合为止。见图 5-49。

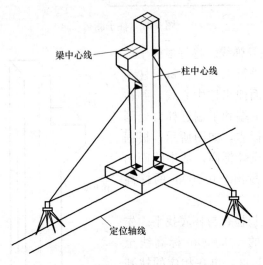

梁中心线

柱中心线

定位轴线

图 5-49 柱子测量

④ 在杯口与柱子的缝隙中浇入混凝土，以固定柱子的位置。把两台经纬仪分别安置在纵横轴线的一侧，一次可校正几根柱子。见图 5-50。

（2）吊车梁安装测量

吊车梁的安装测量主要是保证吊车梁中线位置和吊车梁的标

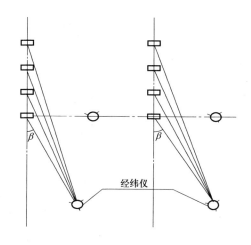

图 5-50　柱子测量

高满足设计要求。

1）吊车梁安装前的准备工作

① 在柱面上量出吊车梁顶面标高，即根据柱子上的±0.000标高线，用钢尺沿柱面向上量出吊车梁顶面设计标高线，作为调整吊车梁面标高的依据。

② 在吊车梁上弹出梁的中心线，在吊车梁的顶面和两端面上，用墨线弹出吊车梁的中心线作为安装定位的依据。见图5-51。

③ 在牛腿面上弹出梁的中心线。根据厂房中心线，在牛腿面上投测出吊车梁的中心线。

2）安装测量

安装时，使吊车梁两端的梁中心线与牛腿面梁中心线重

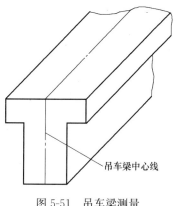

吊车梁中心线

图 5-51　吊车梁测量

合，这是吊车梁初步定位。采用平行线法，对吊车梁的中心线进行检测。在地面上从吊车梁向厂房中心线方向量出长度 a（1m），得到平行线 $A''A''$ 和 $B''B''$。当视线正对准尺上 1m 刻划线时，尺的零点应与梁面上的中心线重合。如不重合，可用撬杠移动吊车梁，使吊车梁中心线到 $A''A''$（或 $B''B''$）的间距等于 1m 为止。

在平行线一端点 A''（或 B''）上安置经纬仪，瞄准另一端点 A''（或 B''），固定照准部，抬高望远镜进行测量。此时，另外一人在梁上移动横放的木尺。

吊车梁安装就位后，先按柱面上定出的吊车梁设计标高线对吊车梁面进行调整，然后将水准仪安置在吊车梁上，每隔 3m 测一点高程，并与设计高程比较，误差应在 ±3mm 以内。见图5-52。

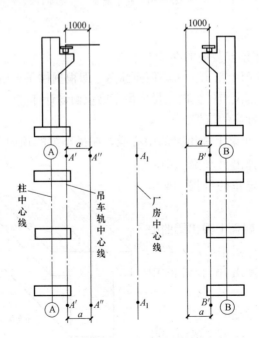

图 5-52　吊车梁安装

5.6 竣工总平面图绘制

5.6.1 编制竣工总平面图的目的

工业与民用建筑工程是根据设计总平面图施工的。在施工过程中，由于种种原因，使建（构）筑物竣工后的位置与原设计位置不完全一致，所以，需要编绘竣工总平面图。

编制竣工总平面图的目的一是为了全面反映竣工后的现状，二是为以后建（构）筑物的管理、维修、扩建、改建及事故处理提供依据，三是为工程验收提供依据。

竣工总平面图的编绘包括竣工测量和资料编绘两方面内容。

5.6.2 竣工测量

建（构）筑物竣工验收时进行的测量工作，称为竣工测量。

在每一个单项工程完成后，必须由施工单位进行竣工测量，并提出该工程的竣工测量成果，作为编绘竣工总平面图的依据。

1. 竣工测量的内容包括

（1）工业厂房及一般建筑物。测定各房角坐标、几何尺寸，各种管线进出口的位置和高程，室内地坪及房角标高，并附注房屋结构层数、面积和竣工时间。

（2）地下管线。测定检修井、转折点、起终点的坐标，井盖、井底、沟槽和管顶等的高程，附注管道及检修井的编号、名称、管径、管材、间距、坡度和流向。

（3）架空管线。测定转折点、结点、交叉点和支点的坐标，支架间距、基础面标高等。

（4）交通线路。测定线路起终点、转折点和交叉点的坐标，路面、人行道、绿化带界线等。

（5）特种构筑物。测定沉淀池的外形和四角坐标、圆形构筑物的中心坐标，基础面标高，构筑物的高度或深度等。

2. 竣工测量的方法与特点

竣工测量的基本测量方法与地形测量相似，区别在于以下几点：

（1）图根控制点的密度。一般竣工测量图根控制点的密度，要大于地形测量图根控制点的密度。

（2）碎部点的实测。地形测量一般采用视距测量的方法，测定碎部点的平面位置和高程；而竣工测量一般采用经纬仪测角、钢尺量距的极坐标法测定碎部点的平面位置，采用水准仪或经纬仪视线水平测定碎部点的高程；亦可用全站仪进行测绘。

（3）测量精度。竣工测量的测量精度，要高于地形测量的测量精度。地形测量的测量精度要求满足图解精度，而竣工测量的测量精度一般要满足解析精度，应精确至厘米。

（4）测绘内容。竣工测量的内容比地形测量的内容更丰富。竣工测量不仅测地面的地物和地貌，还要测底下各种隐蔽工程，如上、下水及热力管线等。

5.6.3 竣工总平面图的编绘

（1）名称解释

竣工图，就是在竣工的时候，由施工单位按照施工实际情况画出的图纸，因为在施工过程中难免有修改，为了让客户（建设单位或者使用者）能比较清晰地了解土建工程，房屋建筑工程，电气安装工程，给排水工程中管道的实际走向和其他设备的实际安装情况，国家规定在工程竣工之后施工单位必须提交竣工图。

（2）竣工图的类型

1）利用施工蓝图改绘的竣工图

在施工蓝图上一般采用杠（划）改、叉改法；局部修改可以圈出更改部位，在原图空白处绘出更改内容；所有变更处都必须引划索引线并注明更改依据。具体的改绘方法可视图面、改动范围和位置、繁简程度等实际情况而定。

① 取消、变更设计内容

A. 尺寸、门窗型号、设备型号、灯具型号、钢筋型号和数量、注解说明等数字、文字、符号的取消，可采用杠改法。即将取消的数字、文字、符号等用横杠杠掉，从修改的位置引出带箭头的索引线，在索引线上注明修改依据，例如"见×年×月×日设计变更通知单，×层结构图（结2）中 Z15（Z16）柱断面图，（Z16）取消"。

B. 隔墙、门窗、钢筋、灯具、设备等取消，可用叉改法和杠改法。例如6层⑧轴线隔墙取消，可在各墙的位置上打"×"；再如要把窗 C602 改为 C604，可在门窗型号及相关尺寸上打"杠"，（C602）再在其"杠"的上面标写 C604，并从修改处用箭头索引引出来，注明修改依据。

② 增加、变更设计内容

在建筑物某一部位增加隔墙、门窗、灯具、设备、钢筋等均应在图上绘出，应注明修改依据。

其绘改方法，可将增加的钢筋画在该剖面要求的位置上，并注明更改依据。

③ 当图纸的某个部位变化较大，或不能在原位置上绘改时，可以采用绘制大样图或另补绘图纸的方法。

A. 画大样图的方法。在原图上标出应修改部位的范围后，再在其空白处绘出修改部位的大样图，并在原图改绘范围和改绘的大样图处注明修改依据。

B. 另补绘图纸的方法。如果原图纸无空白处，可另用硫酸纸绘补图纸并晒成蓝图，或用绘图仪绘制白图附在原图之后。并在原修改位置和补绘的图纸上均应注明修改依据，补图要有图名和图号。

具体的做法：在原图纸上画出修改范围，并注明修改依据和见某图（表明图号及图名）；在补图上也必须注明该图号和图名，并注明是原来某图（表明图号及图名）某部位的补图与修改依据。

2）在硫酸纸图上修改晒制的竣工图

在原硫酸纸上依据设计变更、工程洽商等内容用刮改法进行绘制，即用刀片将需更改部位刮掉，再用绘图笔绘制修改内容，并在图中空白处做一修改备考表，注明变更、洽商编号（或时间）和修改内容，晒成蓝图。

3）重新绘制的竣工图

如果需要重新绘制竣工图的，必须按照有关的制图标准和竣工图的要求进行绘制及编制。

① 要求重新绘制的竣工图与原图的比例相同，并且还应符合相关的制图标准，有标准的图框和内容齐全的图签，再加盖竣工图章。

② 用CAD绘制的竣工图，在电子版施工图上依据设计变更、工程洽商的内容进行修改，修改后用云图圈出修改部位，并在图中空白处做1个修改备考表，并且在其图签上必须由原设计人员签字。

③ 在原硫酸纸上依据设计变更、工程洽商等内容用刮改法进行绘制，即用刀片将需更改部位刮掉，再用绘图笔绘制修改内容，并在图中空白处做一修改备考表，注明变更、洽商编号（或时间）和修改内容，晒成蓝图。

用CAD绘制的竣工图。

（3）编绘竣工总平面图的依据

1）设计总平面图，单位工程平面图，纵、横断面图，施工图及施工说明。

2）施工放样成果，施工检查成果及竣工测量成果。

3）更改设计的图纸、数据、资料（包括设计变更通知单）。

（4）竣工总平面图的编绘方法

1）在图纸上绘制坐标方格网。绘制坐标方格网的方法、精度要求，与地形测量绘制坐标方格网的方法、精度要求相同。

2）展绘控制点。坐标方格网画好后，将施工控制点按坐标值展绘在图纸上。展点对所临近的方格而言，其容许误差为±0.3mm。

3）展绘设计总平面图。根据坐标方格网，将设计总平面图的图面内容，按其设计坐标，用铅笔展绘于图纸上，作为底图。

4）展绘竣工总平面图。对凡按设计坐标进行定位的工程，应以测量定位资料为依据，按设计坐标（或相对尺寸）和标高展绘。对原设计进行变更的工程，应根据设计变更资料展绘。对凡有竣工测量资料的工程，若竣工测量成果与设计值之比差，不超过所规定的定位容许误差时，按设计值展绘；否则，按竣工测量资料展绘。

（5）竣工总平面图的整饰

1）竣工总平面图的符号应与原设计图的符号一致。有关地形图的图例应使用国家地形图图示符号。

2）对于厂房应使用黑色墨线，绘出该工程的竣工位置，并应在图上注明工程名称、坐标、高程及有关说明。

3）对于各种地上、地下管线，应用各种不同颜色的墨线，绘出其中心位置，并应在图上注明转折点及井位的坐标、高程及有关说明。

4）对于没有进行设计变更的工程，用墨线绘出的竣工位置，与按设计原图用铅笔绘出的设计位置应重合，但其坐标及高程数据与设计值比较可能稍有出入。

随着工程的进展，逐渐在底图上，将铅笔线都绘成墨线。

（6）实测竣工总平面图

对于直接在现场指定位置进行施工的工程、以固定地物定位施工的工程及多次变更设计而无法查对的工程等，只好进行现场实测，这样测绘出的竣工总平面图，称为实测竣工总平面图。

第6章 建筑物观测及基坑工程测量

6.1 建筑物沉降观测

6.1.1 沉降观测的实施

1. 工作基点和观测点标志的布设

工作基点（以下简称基点）是沉降观测的基准点，应根据工程的沉降施测方案和布网原则的要求建立，而沉降施测方案应根据工程的布局特点、现场的环境条件制订。

依据工作经验，一般高层建筑物周围要布设三个基点，且与建筑物相距 $50\sim100m$ 间的范围为宜。基点可利用已有的、稳定性好的埋石点和墙脚水准点，也可以在该区域内基础稳定、修建时间长的建筑物上设置墙脚水准点。见图 6-1。

图 6-1 沉降观测点的测设

若区域内不具备上述条件，则可按相应要求，选在隐蔽性好且通视良好、确保安全的地方埋设基点。所布设的基点，在未确定其稳定性前，严禁使用。因此，每次都要测定基点间的高差，以判定它们之间是否相对稳定，并且基点要定期与远离建筑物的高等级水准点联测，以检核其本身的稳定性。见图 6-2。

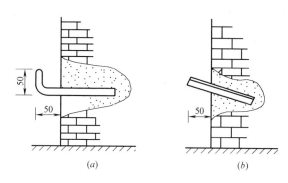

图 6-2 沉降观测点的埋设

(a) φ20 螺纹钢筋；(b) 角钢

沉降观测点应依据建筑物的形状、结构、地质条件、桩形等因素综合考虑，布设在最能敏感反映建筑物沉降变化的地点。一般布设在建筑物四角、差异沉降量大的位置、地质条件有明显不同的区段以及沉降裂缝的两侧。埋设时注意观测点与建筑物的联结要牢靠，使得观测点的变化能真正反映建筑物的变化情况。见图 6-3。

图 6-3 沉降观测点的布置

根据建筑物的平面设计图纸绘制沉降观测点布点图，以确定沉降观测点的位置。在工作点与沉降观测点之间要建立固定的观测路线，并在架设仪器站点与转点处做好标记桩，保证各次观测均沿统一路线。见图 6-4。

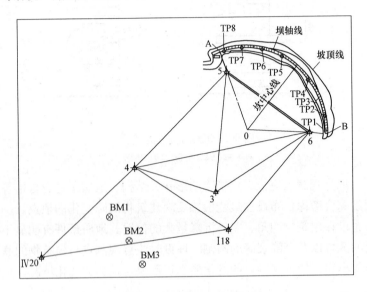

图 6-4　沉降观测点的测设

2. 沉降观测的周期及施测过程

沉降观测的周期应能反映出建筑物的沉降变形规律，建（构）筑物的沉降观测对时间有严格的限制条件，特别是首次观测必须按时进行，否则沉降观测得不到原始数据，从而使整个观测得不到完整的观测结果。其他各阶段的复测，根据工程进展情况必须定时进行，不得漏测或补测，只有这样，才能得到准确的沉降情况或规律。

根据工作经验，在施工阶段，观测的频率要大些，一般按 3 天、7 天、15 天确定观测周期，或按层数、荷载的增加确定观测周期，观测周期具体应视施工过程中地基与加荷而定。如暂时停工时，在停工时和重新开工时均应各观测一次，以便检验停工期间建筑物沉降变化情况。

在竣工后，观测的频率可以少些，视地基土类型和沉降速度的大小而定，一般有一个月、两个月、三个月、半年与一年等不同周期。

沉降是否进入稳定阶段，应由沉降量与时间关系曲线判定。对重点观测和科研项目工程，若最后三个周期观测中每周期的沉降量不大于 2 倍的测量中误差，可认为已进入稳定阶段。一般工程的沉降观测，若沉降速度小于 0.01～0.04mm/d，可认为进入稳定阶段，具体取值应根据各地区地基土的压缩性确定。

首次观测的沉降观测点高程值是以后各次观测用以比较的基础，其精度要求非常高，施测时一般用 N2 级精密水准仪，并且要求每个观测点首次高程应在同期观测两次，比较观测结果，若同一观测点间的高差不超过 ±0.5mm 时，我们即可认为首次观测的数据是可靠的。

首次观测应在观测点稳固后及时进行。一般高层建筑物有一层或数层地下结构，首次观测应自基础开始，在基础的纵横轴线上（基础局边）按设计好的位置埋设沉降观测点（临时的），待临时观测点稳固好，方可进行首次观测。见图 6-5。

图 6-5　沉降观测的埋设

在施工打桩、基坑开挖以及基础完工后，上部不断加层的阶段进行沉降观测时，必须记载每次观测的施工进度、增加荷载量、仓库进（出）货吨位、建筑物倾斜裂缝等各种影响沉降变化和异常的情况。每周观测后，应及时对观测资料进行整理，计算出观测点的沉降量、沉降差以及本周期平均沉降量和沉降速度。若出现变化量异常时，应立即通知委托方，为其采取防患措施提供依据，同时适当增加观测次数。见图 6-6。

图 6-6　沉降观测点

次外，不同周期的观测应遵循"五定"原则。所谓"五定"，即通常所说的沉降观测依据的基准点、基点和被观测物上沉降观测点，点位要稳定；所用仪器、设备要稳定；观测人员要稳定；观测时的环境条件基本上要一致；观测路线、镜位、程序和方法要固定。

6.1.2　沉降观测的精度要求

根据建筑物的特性和建设、设计单位的要求选择沉降观测精度的等级。在没有特别要求的情况下，左一般性的高层建构筑物施工过程中，采用二等水准测量的观测方法就能满足沉降观测的要求。

各项观测指标要求如下：

第一，往返较差、附和或环线闭合差：$\Delta h = \sum a - \sum b \leqslant$ 1.0，n 表示测站数；

第二，前后视距≤30m；

第三，前后视距差≤1.0m；

第四，前后视距累积差≤3.0m；

第五，沉降观测点相对于后视点的高差容差≤1.0mm。

6.1.3 沉降观测成果整理及计算要求

原始数据要真实可靠，记录计算要符合施工测量规范的要求，依据正确，严谨有序，步步校核，结果有效的原则进行成果整理及计算。

6.1.4 沉降观测的规范要求

1. 一般规定

（1）建筑沉降观测可根据需要，分别或组合测定建筑场地沉降、基坑回弹、地基土分层沉降以及基础和上部结构沉降。对于深基础建筑或高层、超高层建筑，沉降观测应从基础施工时开始。

（2）各类沉降观测的级别和精度要求，应视工程的规模、性质及沉降量的大小速度确定。

（3）布置沉降观测点时，应结合建筑结构、形状和场地工程地质条件，并应顾及施工和建成后的使用方便。同时，点位应易于保存，标志应稳固美观。

（4）各类沉降观测应根据相关规范的规定及时提交相应的阶段性成果和综合成果。

2. 建筑场地沉降观测

（1）建筑场地沉降观测应分别测定建筑相邻影响范围之内的相邻地基沉降与建筑相邻影响范围之外的场地地面沉降。

（2）建筑场地沉降点位的选择应符合下列规定：

1）相邻地基沉降观测点可选在建筑纵横轴线或边线的延长线上，亦可选在通过建筑重心的轴线延长线上。其点位间距应视基础类型、荷载大小及地质条件，与设计人员共同确定或征求设计人员意见后确定。点位可在建筑基础深度1.5～2.0倍的距离范围内，由墙外向外由密到疏布设，但距基础最远的观测点应设

103

置在沉降量为零的沉降临界点以外；

2）场地地面沉降观测点应在相邻地基沉降观测点布设线路之外的地面上均匀布设。根据地质地形条件，可选择使用平行轴线方格网法、沿建筑物四角辐射网法或散点法布设。

（3）建筑场地沉降点标志的类型及埋设应符合下列规定：

1）相邻地基沉降观测点标志可分为用于监测安全的浅埋标和用于结合科研的深埋标两种。浅埋标可采用普通水准标石或用于直径 25cm 的水泥管现场浇灌，埋深宜为 1～2m，并使标石底部埋在冰冻线以下。深埋标可采用内管外加保护管的标石形式，埋深应与建筑基础深度相适应，标石顶部需埋入地面下 20～30cm，并砌筑带盖的窨井加以保护；

2）场地地面沉降观测点的标志与埋设，应根据观测要求确定，可采用浅埋标志。

（4）建筑场地沉降观测的路线布设、观测精度及其他技术要求可按照相关规范的有关规定执行。

（5）建筑场地沉降观测的周期，应根据不同任务要求、产生沉降的不同情况以及沉降速度等因素具体分析确定，并符合下列规定：

1）基础施工的相邻地基沉降观测，在基坑降水时和基坑土开挖过程中应每天观测一次。混凝土地板浇完 10d 以后，可每 2～3d 观测一次，直至地下室顶板完工和水位恢复。此后可每周观测一次至回填土完工；

2）主体施工的相邻地基沉降观测和场地地面沉降观测的周期可按照相关规范的有关规定确定。

（6）建筑场地沉降观测应提交下列图表：

1）场地沉降观测点平面布置图；

2）场地沉降观测成果表（表 6-1）；

3）相邻地基沉降的距离-沉降曲线图；

4）场地地面等沉降曲线图（图 6-7）。

沉降观测记录

表 6-1

工程名称：××县工商局 315 投诉中心大楼　　　水准点（BM）相对标高：＋0.150m

观测点编号	观测点相对标高（m）	第1次 2003年03月10日			第2次 2003年03月15日			第3次 2003年03月30日			第4次 2003年04月15日		
		标高（m）	沉降量（mm）本次	累计	标高（m）	沉降量（mm）本次	累计	标高（m）	沉降量（mm）本次	累计	标高（m）	沉降量（mm）本次	累计
沉降观测 M1	0.190	0.19	/		0.191	1		0.192	1	2	0.192	0	2
M2	0.160	0.160	/		0.161	1		0.162	1	2	0.163	1	3
M3	0.130	0.130	/		0.132	2		0.132	0	2	0.132		2
M4	0.140	0.140	/		0.141	1		0.142	1	2	0.143		3
M5	0.180	0.180	/		0.182			0.182			0.183	1	3
M6	0.220	0.220	/		0.222	2		0.223	1	3	0.224	1	4
M7	0.210	0.210	/		0.211	1		0.212	1	2	0.213	1	3
M8	0.160	0.160	/		0.160	0		0.161	1	1	0.163	2	3

3. 地基土分层沉降观测

（1）分层沉降观测应测定建筑地基内部各分层土的沉降量、沉降速度以及有效压缩层厚度。

（2）分层沉降观测点应在建筑地基中心附近 2m×2m 或各点间距不大于 50cm 的范围内，沿铅垂线方向上的各层土内布置。点位数量与深度应根据分层土的分布情况确定，每一土层应设一点，最浅的点位应在基础底面下不小于 50cm 处，最深的点位应在超过压缩层理论厚度处或设在压缩性低的砾石或岩石层上。

（3）分层沉降观测标志的埋设应采用钻孔法，埋设要求可按相关规范的规定执行。

（4）分层沉降观测精度可按分层沉降观测点相对于邻近工作

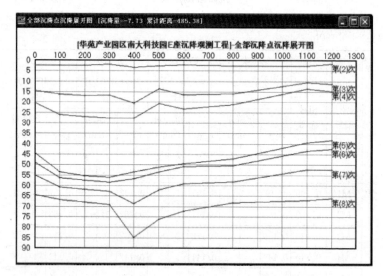

图 6-7　沉降曲线图

基点或基准点的高程中误差不大于±1.0mm 的要求设计确定。

（5）分层沉降观测应按周期用精密水准仪或自动分层沉降仪测出各标顶的高程，计算出沉降量。

4. 建筑场地沉降观测

（1）建筑沉降观测应测定建筑及地基的沉降量、沉降差及沉降速度，并根据需要计算基础倾斜、局部倾斜、相对弯曲及构件倾斜。

（2）沉降观测点的布设应能全面反映建筑及地基变形特征，并顾及地质情况及建筑结构特点。点位宜选设在下列位置：

1）建筑的四角、核心筒四角、大转角处及沿外墙每 10～20cm 处或每隔 2～3 根柱基上；

2）高低层建筑、新旧建筑、纵横墙等交接处的两侧；

3）建筑裂缝、后浇带和沉降缝两侧、基础埋深相差悬殊处、人工地基与天然地基接壤处、不同结构的分界处及填挖方分界处；

4）对于宽度大于等于 15m 或小于 15m，而地质复杂以及膨胀土地区的建筑，应在承重内隔墙中部设内墙点，并在室内地面中心及四周设地面点；

5）邻近堆置重物处、受振动有显著影响的部位及基础下的暗沟处；

6）框架结构建筑的每个或部分柱基上或沿纵横轴线上；

7）筏形基础、箱形基础底板或接近基础的结构部分之四角处及中部位置；

8）重型设备基础和动力设备基础的四角、基础形式或埋深改变处以及地质条件变化处两侧；

9）对于电视塔、烟囱、水塔、油罐、炼油塔、高炉等高耸建筑，应设在沿周边与基础轴线相交的对称位置上，点数不少于 4 个。

（3）沉降观测的作业方法和技术要求应符合下列规定：

1）对特级、一级沉降观测，应按相关规范的规定执行；

2）对二级、三级沉降观测，除建筑转角点、交接点、分界点等主要变形特征点外，允许使用间视法进行观测，但视线长度不得大于相应等级规定的长度；

3）观测时，仪器应避免安置在有空压机、搅拌机、卷扬机、起重机等振动影响的范围内；

4）每次观测应记载施工进度、荷载量变动、建筑倾斜裂缝等各种影响沉降变化和异常的情况。

（4）沉降观测应提交下列图表：

1）工程平面位置图及基准点分布图（图 6-8）；

2）沉降观测点位分布图；

3）沉降观测成果表；

4）时间-荷载-沉降量曲线图；

5）等沉降曲线图。

6.1.5　哪些建筑需要做沉降观测

根据相关规范要求下列建筑需要做沉降观测。

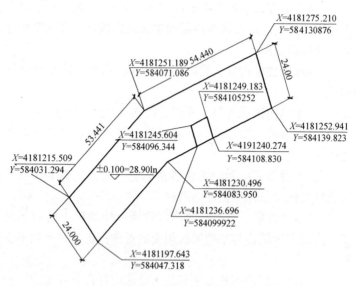

图 6-8 基准点分布图

（1）等级为甲级的建筑；

（2）复合地基或软弱地基上的设计等级为乙级的建筑；

（3）加层、扩建建筑；

（4）受邻近深基坑开挖施工影响或受场地地下水等环境因素变化影响的建筑；

（5）需要积累经验或进行设计反分析的建筑。需要注意第（4）条，建设单位在组织施工自己的建筑物时，要注意对邻近建筑物的沉降观测，以及施工降水对附近建筑物的沉降影响。通常，施工图纸中会注明地基基础的设计等级。如图纸中没有明确，可与设计人员沟通。也可根据《建筑地基基础设计规范》GB 50007—2011 相关规定进行选定。《建筑地基基础设计规范》GB 50007—2011 中相关规定：根据地基复杂程度，建筑物规模和功能特征以及由于地基问题可能造成建筑物破坏或影响正常使作的程度，将地基基础设计分为三个设计等级设计时应根据具体情况选用。

甲级：重要的工业与民用建筑物 30 层以上的高层建筑体型复杂，层数相差超过 10 层的高低层连成一体建筑物大面积的多层地下建筑物（如地下车库，商场运动场等）对地基变形有特殊要求的建筑物复杂地质条件下的坡上建筑物（包括高边坡）对原有工程影响较大的新建建筑物场地和地基条件复杂的一般建筑物位于复杂地质条件及软土地区的二层及二层以上地下室的基坑工程。

乙级：除甲级，丙级以外的工业与民用建筑物。

丙级：场地和地基条件简单，荷载分布均匀的七层及七层以下民用建筑及一般工业建筑物次要的轻型建筑物通过以上规定，可以看出，30 层以上的建筑肯定要进行沉降观测；未经地基处理的 30 层以下的一般的高层建筑，不需要沉降观测。其他的情况要具体分析建设单位在组织沉降观测时，为降低费用，可以采用独立高程系统。建筑变形测量的平面坐标系统和高程系统宜采用国家平面坐标系统和高程系统或所在地方使用的平面坐标系统和高程系统，也可采用独立系统。当采用独立系统时，必须在技术设计书和技术报告书中明确说明。采用独立的高程系统，完全能够满足沉降观测的要求，但是降低了测量工作量，从而能够降低测量费用。设计单位有时在图纸中对沉降观测提出具体要求，但有时设计单位对规范的掌握也不一定全面，建设单位也可以根据规范的要求，与设计单位进行沟通，与建设单位取得一致意见。

6.2 建筑物倾斜观测

6.2.1 名词解释

用测量仪器来测定建筑物的基础和主体结构倾斜变化的工作，称为倾斜观测。

6.2.2 一般建筑物主体的倾斜观测

建筑物主体的倾斜观测，应测定建筑物顶部观测点相对于底部观测点的偏移值，再根据建筑物的高度，计算建筑物主体的倾

斜度，即

$$i=\tan\alpha=\frac{\Delta D}{H}$$

式中　i——建筑物主体的倾斜度；

　　ΔD——建筑物顶部观测点相对于底部观测点的偏移值
　　　　（m）；

　　H——建筑物的高度（m）；

　　α——倾斜角（°）。

倾斜测量主要是测定建筑物主体的偏移值 ΔD。偏移值 ΔD
的测定一般采用经纬仪投影法。见图 6-9。

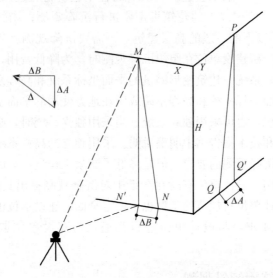

图 6-9　一般建筑物的倾斜观测

（1）经纬仪投影法

将经纬仪安置在固定测站上，该测站到建筑物的距离，为建
筑物高度的 1.5 倍以上。瞄准建筑物 X 墙面上部的观测点 M，
用盘左、盘右分中投点法，定出下部的观测点 N。用同样的方
法，在与 X 墙面垂直的 Y 墙面上定出上观测点 P 和下观测点 Q。
M、N 和 P、Q 即为所设观测标志。

（2）隔一段时间后，在原固定测站上，安置经纬仪，分别瞄准上观测点 M 和 P，用盘左、盘右分中投点法，得到 N' 和 Q'。如果，N 与 N'、Q 与 Q' 不重合，说明建筑物发生了倾斜。

（3）用尺子，量出在 X、Y 墙面的偏移值 ΔA、ΔB，然后用矢量相加的方法，计算出该建筑物的总偏移值 ΔD，即：

$$\Delta D = \sqrt{\Delta A^2 + \Delta B^2}$$

根据总偏移值 ΔD 和建筑物的高度 H 即可计算出其倾斜度 i。

6.2.3 圆形建（构）筑物主体的倾斜观测

对圆形建（构）筑物的倾斜观测，是在互相垂直的两个方向上，测定其顶部中心对底部中心的偏移值。见图 6-10、图 6-11。

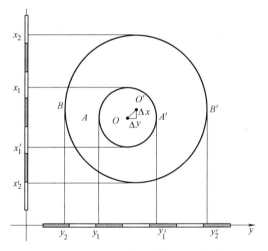

图 6-10　圆形建（构）筑物的倾斜观测

（1）在烟囱底部横放一根标尺，在标尺中垂线方向上，安置经纬仪，经纬仪到烟囱的距离为烟囱高度的 1.5 倍。

（2）用望远镜将烟囱顶部边缘两点 A、A' 及底部边缘两点 B、B' 分别投到标尺上，得读数为 y_1、y_1' 及 y_2、y_2'。烟囱顶部中心 O 对底部中心 O' 在 y 方向上的偏移值 Δy 为：

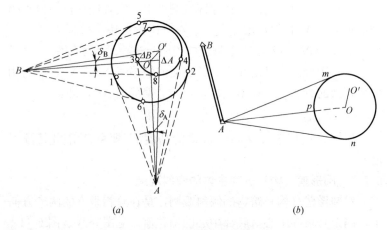

图 6-11　烟囱倾斜观测

$$\Delta y = \frac{y_1 + y_1'}{2} - \frac{y_2 + y_2'}{2}$$

（3）用同样的方法，可测得在 x 方向上，顶部中心 O 的偏移值 Δx 为：

$$\Delta x = \frac{x_1 + x_1'}{2} - \frac{x_2 + x_2'}{2}$$

（4）用矢量相加的方法，计算出顶部中心 O 对底部中心 O' 的总偏移值 ΔD，即

$$\Delta D = \sqrt{\Delta x^2 + \Delta y^2}$$

根据总偏移值 ΔD 和圆形建（构）筑物的高度 H 即可计算出其倾斜度 i。

另外，亦可采用激光铅垂仪或悬吊锤球的方法，直接测定建（构）筑物的倾斜量。

6.2.4　建筑物基础倾斜观测

（1）建筑物的基础倾斜观测一般采用精密水准测量的方法，定期测出基础两端点的沉降量差值 Δh，在根据两点间的距离 L，即可计算出基础的倾斜度（图 6-12）：

$$i = \frac{\Delta h}{L}$$

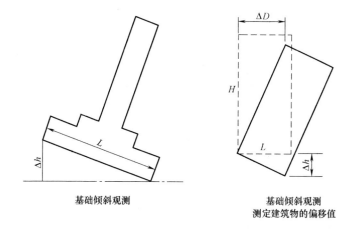

基础倾斜观测　　　　　　　基础倾斜观测
测定建筑物的偏移值

图 6-12　基础倾斜观测

（2）对整体刚度较好的建筑物的倾斜观测，亦可采用基础沉降量差值，推算主体偏移值。用精密水准测量测定建筑物基础两端点的沉降量差值 Δh，在根据建筑物的宽度 L 和高度 H，推算出该建筑物主体的偏移值 ΔD。

$$\Delta D = \frac{\Delta h}{L} H$$

6.3　建筑物位移观测与裂缝观测

6.3.1　裂缝观测方法

1. 石膏板标志

用厚 10mm，宽约 50～80mm 的石膏板（长度视裂缝大小而定），固定在裂缝的两侧。当裂缝继续发展时，石膏板也随之开裂，从而观察裂缝继续发展的情况。

2. 白铁皮标志

用两块白铁皮，一片取 150mm×150mm 的正方形，固定在裂缝的一侧。另一片为 50mm×200mm 的矩形，固定在裂缝的另一侧，使两块白铁皮的边缘相互平行，并使其中的一部分重叠。在两块白铁皮的表面，涂上红色油漆。如果裂缝继续发展，两块白铁皮将逐渐拉开，露出正方形上，原被覆盖没有油漆的部分，其宽度即为裂缝加大的宽度，可用尺子量出。见图6-13。

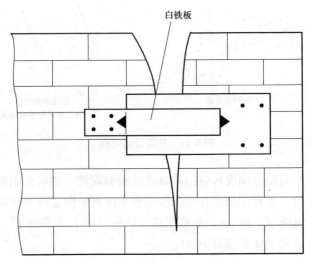

图 6-13　建筑物的裂缝观测

6.3.2　位移观测概述

根据平面控制点测定建筑物的平面位置随时间而移动的大小及方向，称为位移观测。位移观测首先要在建筑物附近埋设测量控制点，再在建筑物上设置位移观测点。

水平位移观测的平面位置是依据水平位移监测网，或称平面控制网。根据建筑物的结构形式、已有设备和具体条件，可采用三角网、导线网、边角网、三边网和视准线等形式。在采用视准线时，为能发现端点是否产生位移，还应在两端分别建立检核点。监测网的精度，应能满足变形点观测精度的要求。在设计监测网时，要根据变形点的观测精度，预估对监测网的精度要求，并选择适宜的观测等级和方法。

6.4 深基坑工程变形测量

6.4.1 深基坑施工监测的特点

1. 时效性

普通工程测量一般没有明显的时间效应。基坑监测通常是配合降水和开挖过程，有鲜明的时间性。测量结果是动态变化的，一天以前（甚至几小时以前）的测量结果都会失去直接的意义，因此深基坑施工中监测需随时进行，通常是 1 次/d，在测量对象变化快的关键时期，可能每天需进行数次。

基坑监测的时效性要求对应的方法和设备具有采集数据快、全天候工作的能力，甚至适应夜晚或大雾天气等严酷的环境条件。

2. 高精度

普通工程测量中误差限值通常在数毫米，例如 60m 以下建筑物在测站上测定的高差中误差限值为 2.5mm，而正常情况下基坑施工中的环境变形速率可能在 0.1mm/d 以下，要测到这样的变形精度，普通测量方法和仪器部不能胜任，因此基坑施工中的测量通常采用一些特殊的高精度仪器。

3. 等精度

基坑施工中的监测通常只要求测得相对变化值，而不要求测量绝对值。例如，普通测量要求将建筑物在地面定位，这是一个绝对量坐标及高程的测量，而在基坑边壁变形测量中，只要求测定边壁相对于原来基准位置的位移即可，而边壁原来的位置（坐标及高程）可能完全不需要知道。

由于这个鲜明的特点，使得深基坑施工监测有其自身规律。例如，普通水准测量要求前后视距相等，以清除地球曲率、大气折光、水准仪视准轴与水准管轴不平行等项误差，但在基坑监测中，受环境条件的限制，前后视距可能根本无法相等。这样的测量结果在普通测量中是不允许的，而在基坑监测中，只要每次测量位置保持一致，即使前后视距相差悬殊，结果仍然是完全可用的。

因此，基坑监测要求尽可能做到等精度。使用相同的仪器，在相同的位置上，由同一观测者按同一方案施测。

6.4.2 基坑测量中的仪器

1. 深层沉降仪

深层沉降仪是用来精确测量基坑范围内不同深度处各土层在施工过程中沉降或隆起数据的仪器。见图 6-14。

图 6-14　沉降仪

深层沉降观测过程分为井口标高观测和场地土深层沉降观测两大部分。井口标高观测按常规光学水准观测方法进行。

沉降仪由对磁性材料敏感的探头和带刻度标尺的导线组成。当探头遇到预埋在预定深度钻孔中的磁性材料圆环时，沉降仪上的蜂鸣器就会发出叫声。此时测量导线上标尺在孔口的刻度以及孔口的标高，即可获得磁性环所在位置的标高。通过对不同时期测量结果的对比与分析，可以确定各土层的沉降（或隆起）结果。

（1）磁性沉降标的安装

1）用钻机在场地中预定位置钻孔（实际布设孔位时要注意

避开墙柱轴线)。根据各个测点的不同观测目的,考虑到上部结构的重量分布及结构形式以及实际土压力影响深度,综合取定各孔深尺寸及沉降标在孔中的埋设位置。

2)用 PVC 塑料管作为磁性探头的通道(称为导管),导管两端设有底盖和顶封。将第一个磁性圆环安装在塑料管的端部,放入钻孔中。待端部抵达孔底时,将磁性圆环上的卡爪弹开;由于卡爪打开后无法收回,故这种磁性环是一次性的,不能重复使用,安装时必须格外小心。

3)将需安装的磁性圆环套在塑料管上,依次放大孔中预定深度。确认磁性环位置正确后,弹开卡爪。测量点位要综合考虑基底压力影响深度曲线和地质勘探报告中有关土层的分布情况。

4)固定探头导管,将导管与钻孔之间的空隙用砂填实。

5)固定孔口,制作钢筋混凝土孔口保护圈。

6)测量孔口标高 3 次,以平均值作为孔口稳定标高。测量各磁性圆环的初始位置(标高)3 次,以平均值作为各环所在位置的稳定标高。

(2)磁性沉降标的测量

1)在深层沉降标孔口做出醒目标志,严密保护孔口。将孔位统一编号,以与测量结果对应。

2)根据基坑施工进度,随时调整孔口标高。每次调整孔口标高前后,均须分别测量孔口标高和各磁性环的位置。

3)每次基坑有较大的荷载变化前后,亦须测量磁性环位置。

2. 测斜仪

测斜仪是一种可以精确地测量沿铅垂方向土层或围护结构内部水平位移的工程测量仪器,可以用来测量单向位移,也可以测量双向位移,再由两个方向的位移求出其矢量和,得到位移的最大值和方向。见图 6-15。

(1)测斜管的埋设

1)在预定的测斜管埋设位置钻孔。根据基坑的开挖总深度,确定测斜管孔深,即假定基底标高以下某一位置处支护结构后的

图 6-15　电子测斜仪

土体侧向位移为零,并以此作为侧向位移的基准。

2) 将测斜管底部装上底盖,逐节组装,并放大钻孔内。安装测斜管时,随时检查其内部的一对导槽,使其始终分别与坑壁走向垂直或平行。管内注入清水,沉管到孔底时,即向测斜管与孔壁之间的空隙内由下而上逐段用砂填实,固定测斜管。

3) 测斜管固定完毕后,用清水将测斜管内冲洗干净,将探头模型放入测斜管内,沿导槽上下滑行一遍,以检查导槽是否畅通无阻,滚轮是否有滑出导槽的现象。由于测斜仪的探头十分昂贵,在未确认测斜管导槽畅通时,不允许放入探头。

4) 测量测斜管管口坐标及高程,做出醒目标志,以利保护管口。现场测量前务必按孔位布置图编制完整的钻孔列表,以与测量结果对应。

(2) 土体水平位移测量

1) 连接探头和测读仪。当连接测读仪的电缆和探头时,要使用原装扳手将螺母接上。检查密封装置、电池充电情况(电压)及仪器是否能正常读数。当测斜仪电压不足时必须立即充电,以免损伤仪器。

2) 将探头插入测斜管,使滚轮卡在导槽上,缓慢下至孔底以上 0.5m 处。注意不要把探头降到套管的底部,以免损伤探头。测量自下而上地沿导槽全长每隔 0.5m 测读一次。为提高测量结果的可靠度，每一测量步骤中均需一定的时间延迟，以确保读数系统与环境温度及其他条件平稳（稳定的特征是读数不再变化）。若对测量结果有怀疑可重测，重测的结果将覆盖相应的数据。

3）测量完毕后，将探头旋转 180°，插入同一对导槽，按以上方法重复测量，前后两次测量时的各测点应在同一位置上；在这种情况下，两次测量同一测点的读数绝对值之差应小于 10%，且符号相反，否则应重测本组数据。

4）用同样的方法和程序，可以测量另一对导槽的水平位移。

5）侧向位移的初始值应取基坑降水之前，连续 3 次测量无明显差异之读数的平均值。

6）观测间隔时间通常取定为 3d。当侧向位移的绝对值或水平位移速率有明显加大时，必须加密观测次数。

3. 讨论

深基坑施工中测量的目的和特点与普通工程测量不同，其测量的方法和设备与传统的测量也完全不同。其中重要的测量设备除深层沉降仪与测斜仪外，还有振弦式钢筋应力计、土压力盒、孔隙水压力计等，分别适用于不同的专门需求。

第7章 进场安全教育及安全注意事项

7.1 进场安全教育

7.1.1 自我保护常识

1. 进入施工现场必须佩戴安全帽

检查安全帽，发现破损，裂纹要及时更换新的。戴安全帽必须系好下颚带。见图7-1。

图 7-1 安全帽

2. 正确使用安全带（图7-2）

安全带要高挂低用，安全带不能打结用，不能将钩直接挂在不牢固物和直接挂在非金属绳上使用。高处作业时，在无可靠安全防范设施时，要先挂牢安全带后再作业。

3. 穿好三紧工作服

金属切削机床（车、铣、刨、钻、磨、锯床等）操作人员，工作中要穿袖口紧，领口紧，下摆紧的工作服。不得戴手套，不得围围巾；女工应将头发盘在工作帽内，长发不得外露。

4. 使用其他防护用品

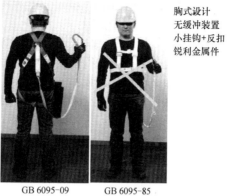

全身式（降落伞式）
具备缓冲装置
大口径脚手架挂钩
光滑金属件
安全钩包

胸式设计
无缓冲装置
小挂钩+反扣
锐利金属件

GB 6095-09　　　　GB 6095-85

图 7-2　安全带

　　混凝土振捣器操作人员，作业中必须穿绝缘鞋，绝缘手套，防止发生触电事故。电、气焊作业工人，作业中要带电、气焊手套，穿绝缘鞋，使用护目镜及防护面罩。有尘、毒、噪声等环境作业的工人，要戴防尘、防毒口罩，使用防噪声耳塞。见图7-3。

必须戴出入证　　必须戴安全帽　　必须戴防护眼镜　　必须戴护耳器

必须穿防护服　　必须戴防护口罩　　必须戴防护手套　　必须穿防护鞋

图 7-3　防护用品

7.1.2 土方作业安全

1. 预防土方坍塌事故

(1) 施工人员按照安全交底进行挖掘作业；

(2) 挖土要从上而下进行开挖，严禁掏底开挖；

(3) 不得在坑壁上掏坑攀登上下，要从坡壁或爬梯上下；

(4) 不得在挖机挖斗回旋半径内作业，防止机械伤害；

(5) 作业时要注意土壁变化，发现裂纹或局部塌方等危险情况，要及时撤离危险区域并报告现场施工负责人；

(6) 不要在距离坑槽沟边 1m 的范围内堆土、堆料或停放机械，以防止土方坍塌；

(7) 防止地面水流入坑槽内，引起土方坍塌。见图 7-4。

图 7-4 土方坍塌

2. 预防挖孔桩人员伤亡事故

(1) 人员要经过培训，按技术交底进行作业；

(2) 下孔前要确认孔内无有毒气体，以确保作业安全；

(3) 孔内护壁要挖一节打一节，不得漏打；

(4) 作业人员发现情况异常，如地下渗水、土壁坍塌、气味异常、头晕、胸闷等身体感觉不适时，要立即停止作业并撤离；

（5）一旦孔内发生紧急情况，孔上作业人员绝不能盲目进入孔内施救，要立即报告现场负责人，采取可靠防护措施后方可进入孔内进行营救；

（6）桩孔口应备有孔盖，停止作业或下班后作业人员离开前，要将孔口盖牢；

（7）作业人员不得乘吊桶上下。见图7-5。

图7-5 人工挖孔桩

7.1.3 施工用电安全

（1）临时用电必须符合《用电安全导则》（GB/T 13869—2008）及《施工现场临时用电安全技术规范》（JGJ 46—2005）。施工用电设施设专人管理，并经培训合格后持证上岗。

（2）低压架空线必须采用绝缘铜线或铅线，架空线必须设在专用电杆上，严禁架设在树干。

（3）电缆线沿地面铺设时，不得架用老化脱皮的电缆线，中间接头牢固可靠，保持绝缘强度；过路处穿管保护，电源端设漏电保护装置。

（4）移动的电气设备的供电线，使用橡胶套电缆。见图7-6。

图7-6　橡胶套电缆

（5）电缆线路采用"三相五线"接线方式，电气设备和电气线路必须绝缘良好。见图7-7。

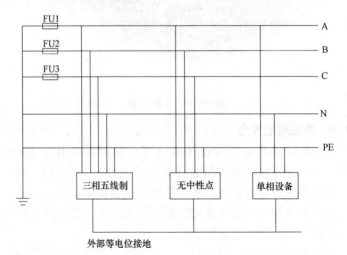

图7-7　接线方式

（6）使用自备电源或与外电线路共用同一供电系统时，电气设备根据当地要求做保护接零或做保护接地，不得一部分设备做保护接零，另一部分设备做保护接地。

（7）手持电动工具和单机回路的照明开关箱内必须装设漏电保护器，照明灯具的金属壳必须做接零保护。见图 7-8。

（8）各种型号的电动设备按使用说明书的规定接地或接零，传动部位按设计要求安装防护装置。

（9）维修、组装和拆卸电动设备时，断电挂牌，防止其他人私接电动开关发生伤亡事故，实行"一机一闸一漏"制，严禁"一闸多用"。

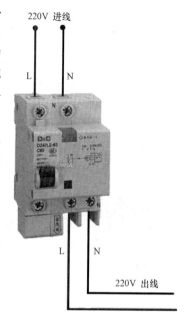

图 7-8 漏电保护器

（10）现场的配电箱坚固、完整、严密、有门、有锁、有防雨装置；同一配电箱超过三个开关时，设总开关；熔丝及热元件按技术规定严格选用，禁止用铁丝、铝丝、铜丝等非专用熔丝代替。

（11）室内、工棚配电盘和配电柜要有绝缘垫，并安装漏电保护装置。

（12）施工现场临时用电要定期进行检查，并进行防雷保护；移动式电动设备、潮湿环境和水下电气设备每天检查一次。对检查不合格的线路、设备及时予以维修或更换，严禁带故障运行。

7.1.4 施工机械操作安全

1. 操作木工机械

不能拆除防护罩，操作时不能戴手套，不能在机械运转中维护保养，加油或进行清理，加工旧木料时，要先将铁钉、灰垢清洗干净，工作完毕后，要活完场清，拉闸断电，锁好开关箱。见图 7-9。

图 7-9　木工机械

2. 操作钢筋机械

使用前先检查电气，机身接零（地）、漏电保护器是否灵敏可靠，安全保护装置是否完好。使用调直机要加一根 1m 左右长的钢管，被调直的钢筋先穿过钢管，再穿入导向管和调直筒，防止钢筋尾头弹出伤人。使用弯曲机弯曲钢筋时，先将钢筋调直，加工较长钢筋时要有专人扶稳钢筋，二人动作协调一致。使用钢筋冷拉设备时，人员不可穿越作业区。工作完毕要拉闸断电。见图 7-10。

3. 操作混凝土机械

操作人员要经过培训，持证上岗，料斗提升后，不得在料斗下工作或穿行，清理头坑时，要将料斗双保险钩挂牢后在清理，运转中不得将工具深入搅拌桶内扒料，下班后将搅拌机内外清洗干净，料斗升起，挂牢双保险钩，拉闸断电，锁好开关箱，运转中不得进行维修保养工作。维修保养搅拌机时，必须拉闸断电，锁好开关箱，挂好"有人工作，严禁合闸"的牌子，并派专人看护，见图 7-11。

图 7-10　钢筋机械

图 7-11　混凝土机械

4. 操作起重机械

塔吊作业时应有足够的工作场所，起重臂杆起落及回转半径内无障碍物，夜间工作应有足够充足的照明设备。

塔吊的变幅指示器、力矩限位器以及各种行程限位开关灯安全保护装置必须整齐、灵敏可靠，不得随意调整和拆除。严禁用限位装置代替操作机构进行停机。操作前必须对工作现场周围环境、行驶道路、架空电线、建筑物以及构件重量和分布等情况进行全面了解。见图 7-12。

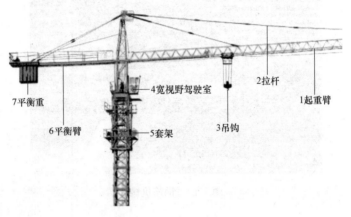

图 7-12　起重机械

　　塔吊的作业人员和指挥人员必须密切配合，指挥人员必须密切配合，指挥人员必须熟悉所指挥机械性能，操作人员应严格执行指挥人员的新号，如信号不清或错误时、操作人员可拒绝执行。如果由指挥失误而造成事故，应由指挥人负责。操作室远离地面、指挥发生困难时，可设高处、地面两个指挥人员，或采用有效联系办法进行指挥。遇到 6 级以上大风或大雨、大雪、大雾等恶劣天气，应暂停工作。起重作业时，重物下方不得有人员停留或通行，严禁用塔吊机吊运人员。

　　严禁使用塔吊斜吊、斜拉和起吊地下埋设或凝结在地面上的重物，施工现场的混凝土构件或模板、必须全部松动后方可起吊，起重机必须按规定的起重性能作业，不得超负载和起吊不明重量的物件。

　　起吊重物时应绑扎平稳和牢固，不得在重物上对方堆放或悬挂零星物件。

　　起吊满负荷时，应先将重物吊起离地面 20～50cm 停机检查。

起重机提升和降速要均匀，严禁忽快忽慢和突然制动。左右回转动作要平稳。起重机使用的钢丝绳应有制造厂技术证明文件作为使用依据。

工作完毕后，起重臂转到顺风方向，并将吊钩开到离臂杆顶端处 2~3m 位置。

7.1.5 高处作业安全

（1）进行高处作业前，应针对作业内容，进行危险辨识，制定相应的作业程序及安全措施。将辨识出的危害因素写入《高处安全作业证》表以下简称《作业证》，并制定出对应的安全措施。见表 7-1。

高处作业证

表 7-1

编号：AQ-001

第二联

申请单位		申请人		作业部门	
作业地点及内容					
作业高度		m	等级		
作业人		监护人		作业负责人	
作业期限： 年 月 日 时 分始 年 月 日 时 分止					
风险及措施	执行第 条				
	补充：				
风险及措施编制人			风险及措施审核人		
审批人			审批时间		
作业部门领导			月 日 时 分		
安全部门			月 日 时 分		
分管领导			月 日 时 分		

注：1 级高处作业（2~5m）、2 级高处作业（5~15m）、3 级高处作业（15~30m）由作业单位领导签署初期意见后，由安全部门审批，30m 及以上的高处作业属特级高处作业，必须由分管领导审批。

（2）进行高处作业时，除执行本规范外，应符合国家现行的有关高处作业及安全技术标准的规定。

（3）作业单位负责人应对高处作业安全技术负责，并建立相应的责任制。

（4）高处作业人员及搭设高处作业安全设施的人员，应经过专业技术培训及专业考试合格，持证上岗，并应定期进行体格检查。对患有职业禁忌证（如高血压、心脏病、贫血病、癫痫病、精神疾病等）、年老体弱、疲劳过度、视力不佳及其他不适于高处作业的人员，不得进行高处作业。

（5）从事高处作业的单位应办理《作业证》，落实安全防护措施后方可作业。

（6）《作业证》审批人员应赴高处作业现场检查确认安全措施后，方可批准高处作业。

（7）高处作业中的安全标志、工具、仪表、电气设施和各种设备，应在作业前加以检查，确认其完好后投入使用。

（8）高处作业前要制定高处作业应急预案，内容包括：作业人员紧急状况时的逃生路线和救护方法，现场应配备的救生设施和灭火器材等。有关人员应熟知应急预案的内容。

7.1.6 模板作业安全

1. 模板支模前

工作前应先检查使用的工具是否牢固。扳手等工具必须用绳链系挂在身上，钉子必须放在工具袋内，以免掉落伤人。工作时要思想集中，防止钉子扎脚或空中滑落。见图 7-13。

2. 模板支模过程

两人抬运模板时要相互配合，协同工作。传递模板、工具应用运输工具或绳子系牢后升降，不得乱抛。组合钢模拆装时，上下应有人接应。钢板及配件应随装拆随运送，严禁从高处掷下，高空拆模时应有专人指挥，并在下面标出工作区，用绳子和红白旗加以围栏，暂停人员过往。支模过程中，如需中途停歇，应将支撑、搭头、柱头板等钉牢。拆模间歇时，应将已活动的模板、

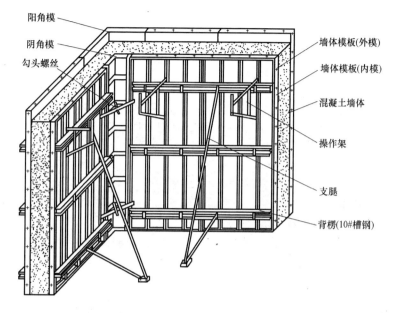

阳角模
阴角模
勾头螺丝

墙体模板(外模)
墙体模板(内模)
混凝土墙体
操作架
支腿
背楞(10#槽钢)

图 7-13　模板安装构造

牵杆、支撑等运走或妥善堆放，防止因踏空、扶空而坠落。支撑、牵杆等不得搭在门窗框和脚手架上，通路中间的斜撑、拉杆等应设在 1.8m 高以上。不得在脚手架上堆放大批模板等材料。见图 7-14。

　　在模板吊装时，吊点必须符合吊重要求，以防坠落伤人。模板顶撑排列必须符合施工荷载要求，拆模时，临时脚手架必须牢固，不得用拆下的模板作脚手架。脚手板搁置必须牢固平整，不得有空头板，以防踏空坠落。模板上有预留洞者，应在安装后将洞口盖好，混凝土板上的预留洞，应在模板拆除后即将洞口盖好。见图 7-15。

　　3. 模板拆除过程

　　装拆模板时，作业人员要站立在安全地点进行操作，防止上下同在一垂直面工作，操作人员要主动避让吊物，增强自我保护

图 7-14　模板安装（一）

图 7-15　模板安装（二）

和相互保护的安全意识。拆除模板一般用长撬棒，人不许站在正在拆除的模板上。在拆除模板时，要注意整块模板掉下，尤其是用定型模板做平台模板时，更要注意，拆模人员要站在门窗洞口外拉支撑，防止模板突然全部掉落伤人。拆模必须一次性拆清，不得留下无撑模板。拆下的模板要及时清理，堆放整齐。见图7-16。

图 7-16 拆除模板

7.1.7 拆除作业安全

（1）拆除作业要严格按照拆除方案进行。

（2）拆除工程施工前，要先将电线、燃气管道、水管等干线与建筑物的支线切断或迁移。

（3）非拆除人员不得进入施工现场。

拆除建筑物应自上而下依次进行，不得数层同时拆除。

（4）严禁掏底开挖。

（5）为确保未拆除部公建筑物的稳定，要根据结构的特点，有的部分应进行加固。

（6）拆下的物料，不得向下抛掷，较大构件要用吊绳或起重机吊下运走，散碎材料用溜放槽溜下，清理运走。

（7）机械、爆破及人工拆除作业现场都要按规定设围挡。

7.1.8 消防安全

（1）施工现场明火作业，要办理用火证，用火证只限当天本人在规定地点，规定时间使用。

（2）施工现场明火作业必须派专人看火。

（3）施工现场电气发生火情时，要先切断电源，再使用二氧化碳灭火器灭火，不能用火及泡沫灭火器灭火，防止发生触电事故。

（4）作业完毕离开现场前，用过人员要确认用火已熄灭，周围已无隐患，电源已切断，开箱已锁好。

（5）施工现场消火栓，应设明显标志，夜间设红色警示灯，消防栓 3m 内不准放任何物品。

（6）消防器材不得随意挪动。

7.1.9 文明施工

（1）施工现场外堆放料具应有审批手续，料具码放整齐，不超高，并进行围挡，不妨碍交通和影响市容。

（2）进入施工现场的材料必须按总包单位确定的场地码放，设立标牌，划分相应的责任区，并指定责任人。

（3）进场料具必须按不同类别、品种、规格码放，不得混放，新旧材料要分开，并有防雨、防潮、防损耗措施。

（4）对进场料具的品种、规格、质量必须做好验收记录，登记有关的管理台账。

（5）现场各种料具应分规格，新旧码放整齐、牢固，做到一头齐、一条线，成垛、成行，胶粉料高度不得超过 1.5m，乳液材料码放高度不得超过 1m，应做好防雨、防晒、防冻、降温措施。

（6）一切料具严禁从高空抛落，防止料具损坏，人员伤害确保料具完好。

（7）搅拌台前要求干净、整齐，防止扬尘，下班要及时清洗搅拌机。

（8）现场施工临水、临电要有专人管理，不得有长流水、常照明。

（9）工人操作地点和周围必须清洁整齐，做到活完场清，施工垃圾集中存放，同时分拣回收清运出场，余料及时回收清退。

（10）施工现场的临时设施，包括生产、办公、生活用房、仓库、料具，动力线路，要严格按施工组织设计确定的施工平面图布置、搭设和埋设整齐。

（11）施工现场严禁吸烟、严禁随意大小便。

7.1.10 安全警示标志

（1）禁止标志不准或制止人们不安全行动的图形标志。见图7-17。

图 7-17 禁止标志

（2）警告标志提醒人们对周围环境引起注意的图形标志。见图 7-18。

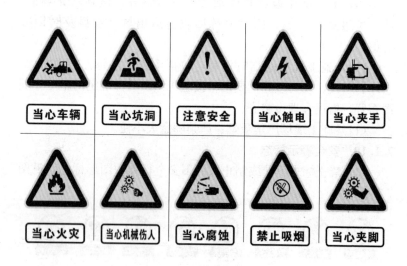

当心车辆	当心坑洞	注意安全	当心触电	当心夹手
当心火灾	当心机械伤人	当心腐蚀	禁止吸烟	当心夹脚

图 7-18　警告标志

（3）指令标志。强制人们必须遵守某项规定。做出某种动作或采用防范措施的图形标志。见图 7-19。

图 7-19　指示标志

（4）提示标志。向人们提供某种信息的图形标志。见图 7-20。

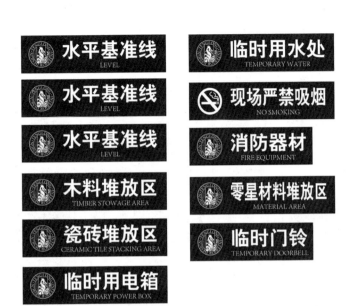

图 7-20 提示标志

7.2 放线施工安全注意事项

7.2.1 测量工作原则

1. 审查图纸

所有尺寸、建筑物关系进行校核，平面、立面、大样图所标注的同一位置的建筑物尺寸、形状、标高是否一致；室内外标高之间的关系是否正确。

2. 实施测量原则

（1）以大定小、以长定短、以精定粗、先整体后局部。

（2）测量主要操作人员必须持证上岗。

（3）施工前测量方案审批通过（方案中要有：建立测量网络控制图、结构测量放线图、标高传递图、水电定位图、砌筑定位放线图、抹灰放线控制图等）。

7.2.2 测量工具

所有精密仪器必须经过计量检测，合格后才允许在施工现场使用。

建立测量仪器台账统一管理，定期维护与保养。见图 7-21。

全站仪	经纬仪	水准仪	激光铅垂仪	激光扫平仪
棱镜	塔尺	50m大卷尺	线锤	墨斗
5m小卷尺	油漆	毛笔	铅笔	对讲机

图 7-21　测量工具

7.2.3　结构测量注意事项

（1）现场建立 3 个以上三级坐标、高程控制点，做钢管维护、警示。见图 7-22。

（2）沉降观测点采用 $\phi20$ 镀锌圆钢加工，测量点位统一进行编号，沉降由第三方实施观测，进入主体标准层开始观测。见图 7-23。

（3）临时测量控制点采用木桩制作，桩截面不小于 50mm× 50mm，木桩顶部平整；木桩周边浇筑混凝土避免扰动。见图 7-24。

（4）场地内设置施工测量控制基准点，采用混凝土浇筑，必须牢固、坚实。见图 7-25。

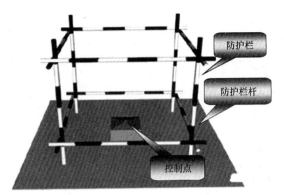

图 7-22 控制点

图 7-23 沉降观测点

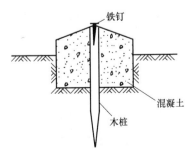

图 7-24 木桩控制点

图 7-25　控制点

（5）建立方格网控制图，占地面积≤1 万 m² 方格网间距 10m；占地面积≥1 万 m² 方格网间距 20m，地形复杂的可适当调整。见图 7-26。

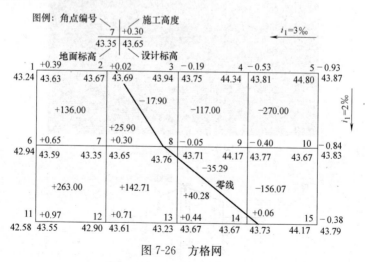

图 7-26　方格网

（6）进场前，根据国土局提供的基准点进行建筑物定位引测，并在场地附件建立施工期间坐标控制网、标高控制点。施工单位在完成建筑定位、轴线引测后报监理公司复核。见图 7-27。

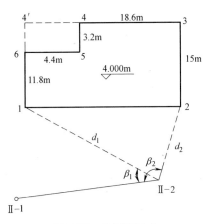

图 7-27　坐标控制点

（7）基础施工轴线引测采用龙门桩。见图 7-28。

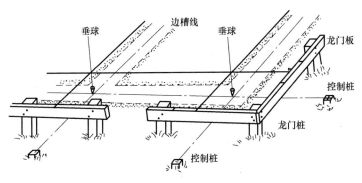

图 7-28　龙门桩

（8）主体结构施工在楼层内建立轴线控制网（内控法），控制点不少于 4 个。见图 7-29。

（9）所有主控线、轴线交叉位置必须采用红油漆做好标识。

（10）楼层内设置的传递点必须采用激光铅垂仪进行传递，严禁采用线锤投射控制线。见图 7-30。

（11）结构放线采用双线控制，控制线与定位线间距按照 300mm 引测；轴线、墙柱控制线、周边方正线在混凝土浇筑完成后同时引测。见图 7-31。

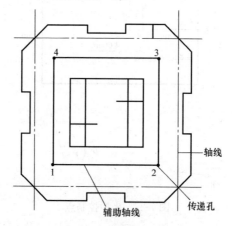

图 7-29　内控法的布置

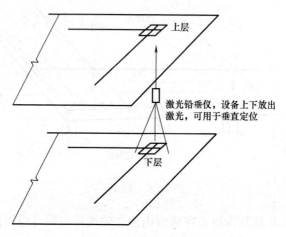

图 7-30　激光铅垂仪

（12）模板上弹出墙、梁控制线，采用扫平仪或经纬仪投测，严禁直接从梁模进行引测放线。见图 7-32。

（13）结构标高传递在塔吊、建筑物外墙上同时设置互相校对，每月利用场地内的高程控制基准点对建筑物、塔吊上的标高进行复核，并形成书面复核记录报监理公司备案，严禁利用钢管脚手架传递标高。见图 7-33。

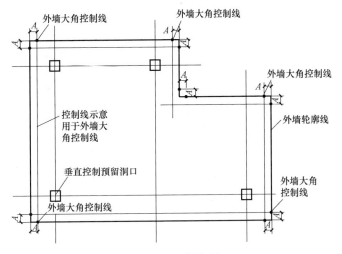

图 7-31　双线控制

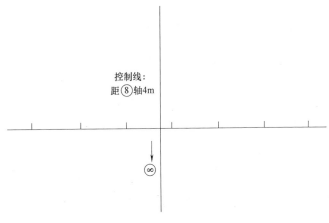

图 7-32　弹线

（14）建筑物大角位置设置垂直度控制线，控制线距墙边
100mm。见图 7-34。

（15）模板、浇筑完成后的混凝土楼板面沿建筑物边放檐口
控制线，线距离檐边 300mm。见图 7-35。

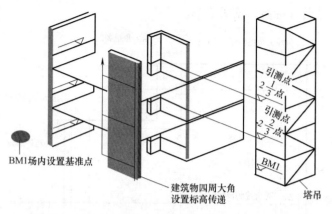

图 7-33　传递标高

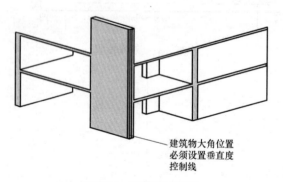

图 7-34　垂直度控制线

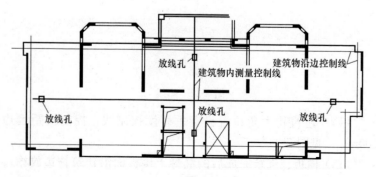

图 7-35　檐口控制线

144

（16）结构墙体内预埋线盒采用结构控制线、结构 1m 线做精确定位。

（17）模板安装完成后，按照装修图纸在模板上做水电预埋的精确定位。管道井、烟道也须设置双控线。成品烟道和水电预留孔，在结构施工阶段，须放线定位。见图 7-36。

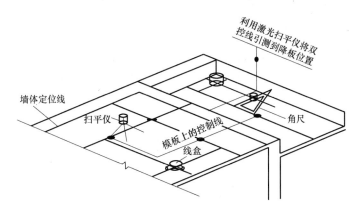

图 7-36　水电预埋定位

7.2.4　砌筑测量放线注意事项

（1）砌筑定位放线必须采用双控线（定位线、控制线都要弹出），结构墙体上弹出砌筑定位线。

（2）砌筑端头无剪力墙，采用竖皮数杆。

（3）施工完成的混凝土墙面提前弹出结构 1m 线。

（4）门洞口采用对角线表示，同时弹出门洞中线。

（5）每间房间控制线相交处采用红油漆标识。

（6）将建筑控制线翻到砌体墙上，利用建筑 1m 线对水电预埋进行精确定位。

（7）砌筑前，利用激光扫平仪将地面门洞定位线弹到梁侧，将建筑 1m 线传递到梁侧控制门洞标高。见图 7-37。

7.2.5　抹灰测量放线注意事项

（1）抹灰利用结构控制线、砌筑控制线进行灰饼定点，并将

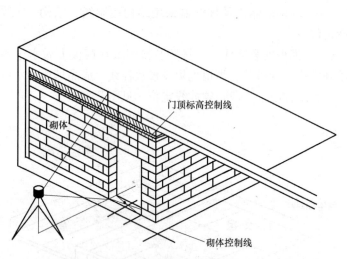

图 7-37 砌筑定位放线

地面控制线弹到墙上。门洞侧面、顶面利用砌筑门洞中线，采用扫平仪进行灰饼定位。见图 7-38。

图 7-38 抹灰放线

（2）烟道、水电管井也须采用激光贴饼。保证现场与设计尺寸一致。见图 7-39。

146

图 7-39　放线、打点

（3）门窗洞口二次收口弹控制线 150mm，门窗侧面和顶面按 A26 进行灰饼定点。抹灰完成后在墙面弹出建筑 1m 线。见

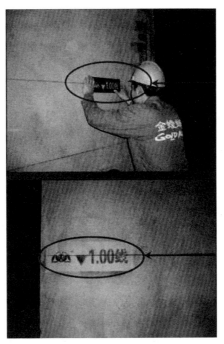

图 7-40　建筑一米线

图 7-40。

（4）结构模板安装、结构模板拆除、砌筑和抹灰完成后 3 天内，总包和监理必须完成该楼层的实测实量，并将测量记录报项目部、品质管理中心。资料由监理工程师统一收集。